超简单

用 Python+AI

快学习教育◎编著

让短视频飞起来

北京理工大学出版社
BEIJING INSTITUTE OF TECHNOLOGY PRESS

图书在版编目（CIP）数据

超简单：用 Python+AI 让短视频飞起来 / 快学习教育编著 . — 北京 : 北京理工大学出版社 , 2024.5

ISBN 978-7-5763-3910-9

Ⅰ . ①超… Ⅱ . ①快… Ⅲ . ①软件工具—程序设计
Ⅳ . ①TP311.561

中国国家版本馆CIP数据核字(2024)第089482号

责任编辑： 江　立		**文案编辑：** 江　立	
责任校对： 周瑞红		**责任印制：** 施胜娟	

出版发行 / 北京理工大学出版社有限责任公司

社　　址 / 北京市丰台区四合庄路6号

邮　　编 / 100070

电　　话 / （010）68944451（大众售后服务热线）
　　　　　　（010）68912824（大众售后服务热线）

网　　址 / http://www.bitpress.com.cn

版 印 次 / 2024 年 5 月第 1 版第 1 次印刷

印　　刷 / 三河市中晟雅豪印务有限公司

开　　本 / 889 mm×1194 mm　1 / 24

印　　张 / 11.5

字　　数 / 200 千字

定　　价 / 89.80 元

图书出现印装质量问题，请拨打售后服务热线，负责调换

前言
Preface

随着智能手机和移动互联网的普及，短视频凭借"短、平、快"的特点，成为最受互联网用户喜爱的媒介形式之一。本书旨在探讨如何利用 Python 语言和 ChatGPT 等 AI 工具打造更智能、更高效的短视频创作和运营流程，帮助短视频从业者提升工作效率。

◎内容结构

全书共 11 章，从结构上可划分为 5 个部分。

第 1 部分（第 1 章）：主要讲解 Python 编程环境的使用方法和 Python 的基础语法知识，为后续学习 Python 的实际应用夯实基础。

第 2 部分（第 2～4 章）：主要讲解如何利用 Python 编写爬虫代码，获取短视频创作和营销所需的数据，以及如何利用 Python 对这些数据进行处理、分析和可视化。

第 3 部分（第 5～9 章）：主要通过大量案例讲解如何通过编写 Python 代码自动化地完成视频和音频的后期处理，包括视频的导入和导出、视频和音频的剪辑、视频的拼接与合成、字幕和水印的添加等。

第 4 部分（第 10 章）：通过 4 个不同主题的案例，展示如何综合运用前面所学的 Python 编程知识，创作出完整的短视频作品。

第 5 部分（第 11 章）：主要讲解 ChatGPT 和文心一言等 AI 工具的基本使用方法，以及如何在短视频创作和 Python 编程中利用 AI 工具来提高效率。

◎编写特色

循序渐进，轻松入门：全书按照"由易到难、由简到繁"的原则编排内容结构，编程基础薄弱的读者也能快速上手。每个案例都由生动的情景对话引出，让读者可以轻松地理解案例的适用范围和代码的编写思路。

案例实用，讲解清晰：本书的案例都是根据实际的应用场景精心设计的。每个案例的代码都有详细且通俗易懂的解析，而且针对重点语法知识进行了延伸讲解。读者通过深入学习，能够从机械地套用代码进阶到随机应变地修改代码或独立编写代码，从而解决更多实际问题。

资源齐备，自学无忧：本书的配套学习资源包含案例用到的素材文件及编写好的代码文件，便于读者边学边练，在实际操作中加深印象。

◎读者对象

本书适合自媒体人、短视频内容从业者和短视频营销人员学习和阅读，对于视频剪辑爱好者和 Python 编程初学者来说也是不错的参考资料。

由于编程技术和 AI 技术的更新和升级速度很快，加之编者水平有限，本书难免有不足之处，恳请广大读者批评指正。

编　者
2024 年 4 月

目 录
Contents

第 4 章 数据收集与分析

第 5 章 视频的导入和导出

第 6 章　视频的剪辑

第 7 章　视频的拼接与合成

第 8 章　字幕和水印的添加

第 9 章　音频的剪辑

第 **1** 章

Python 快速入门

本章将讲解 Python 编程环境的使用方法和 Python 的语法知识，带领初学者迈入 Python 编程的大门。

1.1　Jupyter Notebook 的基本操作

要编写和运行 Python 代码，需要先在计算机中搭建 Python 编程环境。Python 编程环境主要由解释器、代码编辑器和第三方模块组成。

解释器用于将代码转译成计算机可以理解的指令，本书建议安装的 Python 解释器是 Anaconda，其下载和安装方法见随书附赠的学习资源中的电子文档。

代码编辑器用于编写、运行和调试代码，本书使用的是 Anaconda 中集成的代码编辑器 Jupyter Notebook。本节将讲解 Jupyter Notebook 的基本操作。

第三方模块用于扩展 Python 的功能，相关知识将在 1.2 节讲解。

1.1.1　启动和关闭 Jupyter Notebook

Jupyter Notebook 是一款运行在浏览器中的代码编辑器，其特点是可以分区块编写和运行代码。Anaconda 中已经集成了 Jupyter Notebook，安装好 Anaconda 后，不需要做额外的配置就可以使用 Jupyter Notebook，非常适合初学者。下面以 Windows 为例，介绍启动和关闭 Jupyter Notebook 的方法。

在资源管理器中进入用于存放 Python 文件的文件夹，如 "E:\文件"（以下称为 "目标文件夹"），在路径框内输入 "cmd"，如图 1-1 所示，然后按〈Enter〉键。弹出的命令行窗口会自动将当前路径切换至目标文件夹，在命令提示符后输入命令 "jupyter notebook"，如图 1-2 所示，然后按〈Enter〉键。

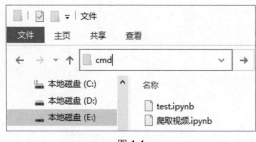

图 1-1

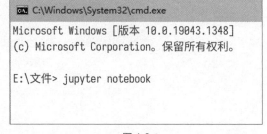

图 1-2

随后在命令行窗口中会以文本的形式显示 Jupyter Notebook 的启动过程。需要注意的是，在启动和使用 Jupyter Notebook 的过程中不能关闭这个命令行窗口。

　　等待一段时间，会在默认浏览器中自动打开如图 1-3 所示的网页，这就是 Jupyter Notebook 的用户界面。界面中显示了目标文件夹的内容，我们可以单击现有的 Python 文件以将其打开，也可以创建新的 Python 文件，具体方法将在 1.1.2 节介绍。

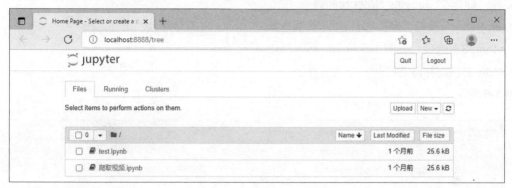

图 1-3

　　完成编程工作后，先关闭浏览器中的 Jupyter Notebook 界面，再关闭启动 Jupyter Notebook 的命令行窗口，就关闭了 Jupyter Notebook。

 技巧

　　在使用 Jupyter Notebook 的过程中，如果不小心关闭了浏览器中的界面，可以返回命令行窗口，将图 1-4 中标出的两个网址中的任意一个复制、粘贴到浏览器的地址栏中并打开，即可再次进入 Jupyter Notebook 的界面。

图 1-4

1.1.2 创建和重命名 Python 文件

在编写代码之前，需先创建一个 Python 文件。❶单击 Jupyter Notebook 界面右上角的"New"按钮，❷在展开的列表中选择"Python 3"选项，如图 1-5 所示，即可创建 Python 文件，并自动打开一个新的界面，如图 1-6 所示。

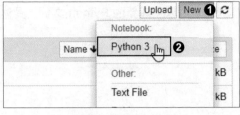

图 1-5

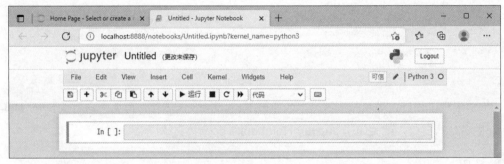

图 1-6

在界面顶部可以看到，新建 Python 文件的默认文件名为"Untitled"。如果需要重命名文件，单击文件名，如图 1-7 所示。

图 1-7

❶在弹出的"重命名笔记本"对话框中输入新的文件名，如"example"，❷然后单击"重命名"按钮，如图 1-8 所示，即可完成文件的重命名。

重命名笔记本 ✕

请输入新的笔记本名称：

example ❶

❷
取消 重命名

图 1-8

1.1.3　编写和运行代码

　　创建新的 Python 文件后，即可在区块中输入代码。单击工具栏中的"运行"按钮或按快捷键〈Ctrl+Enter〉即可运行当前区块的代码，在区块下方会显示运行结果，如图 1-9 所示。

图 1-9

　　单击工具栏中的 ➕ 按钮，可以在当前区块下方新增一个区块。继续在新增的区块中输入和运行代码，如图 1-10 所示。

图 1-10

　　Jupyter Notebook 会每隔一定时间自动保存文件，单击工具栏中的 💾 按钮或按快捷键〈Ctrl+S〉可手动保存文件。工具栏中还集成了复制、粘贴等常用功能按钮，读者可自行了解。

1.2 Python 的模块

　　Python 的模块相当于为用户配备的一个工具库。当用户要实现某种功能时，可以直接从工具库中取出工具来使用，从而大大提高开发效率。

1.2.1 Python 模块的种类

　　模块又称为"库"或"包"。简单来说，每一个扩展名为".py"的文件都可以称为一个模块。Python 的模块主要分为以下 3 种。

1. 内置模块

　　内置模块是指 Python 解释器自带的模块，如 time、random、pathlib 等。内置模块在安装好 Python 解释器后就能直接使用。

2. 第三方模块

　　第三方模块由非 Python 官方机构的程序员或组织开发。Python 能风靡全球的一个重要原因就是它拥有数量众多的免费第三方模块。例如，处理和分析数据可以使用 pandas 模块，剪辑视频可以使用 MoviePy 模块。

　　安装 Anaconda 时会自动安装一些第三方模块，而有些第三方模块则需要用户自行安装，1.2.2 节会讲解模块的安装方法。

3. 自定义模块

　　如果内置模块和第三方模块不能满足需求，用户还可以自己编写功能代码并将其封装成模块，这样的模块就是自定义模块。需要注意的是，自定义模块不能与内置模块或第三方模块重名，否则将无法导入内置模块或第三方模块。

1.2.2 安装 Python 模块

　　pip 是 Python 提供的一个命令，用于管理第三方模块，包括第三方模块的安装、卸载和升级等。下面以 MoviePy 模块为例，介绍使用 pip 命令安装第三方模块的方法。

按快捷键〈■+R〉打开"运行"对话框，❶在对话框中输入"cmd"，❷单击"确定"按钮，如图 1-11 所示。❸在打开的命令行窗口中输入命令"pip install moviepy"，如图 1-12 所示。命令中的"moviepy"是要安装的模块的名称，如果想安装其他模块，将"moviepy"改为相应的模块名称即可。按〈Enter〉键执行命令，等待一段时间，当窗口中出现"Successfully installed"的提示文字，说明安装成功，之后在编写 Python 代码时，就可以使用 MoviePy 模块的功能了。

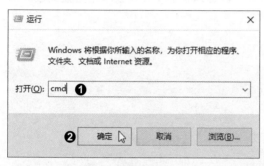

图 1-11

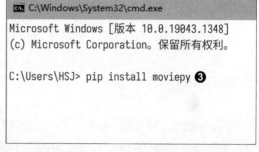

图 1-12

💬 技巧

pip 命令默认从设在国外的服务器上下载模块，下载速度较慢，很容易导致安装失败。解决办法之一是从设在国内的镜像服务器上下载模块。例如，从清华大学的镜像服务器安装 MoviePy 模块的命令为"pip install moviepy -i https://pypi.tuna.tsinghua.edu.cn/simple"。命令中的"-i"是一个参数，用于指定下载模块的服务器地址；"https://pypi.tuna.tsinghua.edu.cn/simple"是由清华大学设立的模块镜像服务器的地址。读者可以自行搜索更多镜像服务器的地址。

💬 技巧

Anaconda 中集成的第三方模块不一定是最新版本。如果要使用最新版本的模块，可对模块进行升级。升级模块的命令格式是在安装模块的命令中添加参数"-U"（字母 U 为大写）。例如，从默认服务器升级 pandas 模块的命令为"pip install -U pandas"，从清华大学的镜像服务器升级 pandas 模块的命令为"pip install -U pandas -i https://pypi.tuna.tsinghua.edu.cn/simple"。

1.2.3　导入 Python 模块

安装好模块后，还需要在代码中导入模块，才能调用模块的功能。这里讲解导入模块的两种常用方法：import 语句导入法和 from 语句导入法。

1．import 语句导入法

import 语句导入法会导入指定模块中的所有函数，适用于需要使用模块中大量函数的情况。import 语句的基本语法格式如下：

```
import 模块名
```

演示代码如下：

```
1    import random  # 导入random模块
2    import math  # 导入math模块
```

使用该方法导入模块后，在后续编程中要以"模块名.函数名"的方式调用模块中的函数。演示代码如下：

```
1    import random
2    a = random.randint(100, 850)
3    print(a)
```

第 1 行代码表示导入 random 模块中的所有函数。

第 2 行代码表示调用 random 模块中的 randint() 函数来生成 100 ～ 850 之间的一个随机整数。

import 语句导入法的缺点是，如果模块中的函数较多，程序的运行速度会变慢。

2．from 语句导入法

from 语句导入法可以导入指定模块中的指定函数，适用于只需要使用模块中少数几个函数的情况。from 语句的基本语法格式如下：

```
from 模块名 import 函数名
```

演示代码如下：

```
1   from random import randint  # 导入random模块中的单个函数
2   from moviepy.editor import concatenate_videoclips, clips_array  # 从
    MoviePy模块的editor子模块中导入多个函数
```

使用 from 语句导入法的最大好处是可以直接用函数名调用函数，不需要添加模块名的前缀。演示代码如下：

```
1   from random import randint
2   a = randint(100, 850)
3   print(a)
```

第 1 行代码表示导入 random 模块中的 randint() 函数。

因为第 1 行代码中已经写明了要导入哪个模块中的哪个函数，所以第 2 行代码中可以直接用函数名调用 randint() 函数来生成随机整数。

import 语句导入法和 from 语句导入法各有优缺点，读者在编程时可以根据实际需求灵活选择。

 技巧

如果模块名或函数名很长，可以在导入时使用 as 关键字对它们进行简化，以方便后续代码的编写。通常用模块名或函数名中的某几个字母来代替模块名或函数名。演示代码如下：

```
1   import pandas as pd  # 导入pandas模块，并将其简写为pd
2   from itertools import combinations as cb  # 导入itertools模块中的
    combinations()函数，并将其简写为cb
```

1.3 Python 的基础语法

学习任何一门编程语言都必须掌握其语法知识，学习 Python 也不例外。本节将讲解 Python 的基础语法知识，包括变量、数据类型、运算符等内容。

1.3.1 变量

变量是程序代码不可缺少的要素之一。简单来说，变量是一个代号，它代表的是一个数据。在 Python 中，定义一个变量的操作分为两步：首先要为变量起一个名字，即变量的命名；然后要为变量指定其所代表的数据，即变量的赋值。这两个步骤在同一行代码中完成。

变量的命名不能随意而为，而是需要遵循如下规则：

• 变量名可以由任意数量的字母、数字、下划线组合而成，但是必须以字母或下划线开头，不能以数字开头。本书建议用英文字母开头，如 a、b、c、video1、clip_list 等。

• 不要用 Python 的保留字或内置函数来命名变量。例如，不要用 import 或 print 作为变量名，因为前者是 Python 的保留字，后者是 Python 的内置函数，它们都有特殊的含义。

• 变量名中的英文字母是区分大小写的。例如，D 和 d 是两个不同的变量。

• 变量名最好有一定的意义，能够直观地反映变量所代表的数据的内容或类型。例如，用变量 age 代表内容是年龄的数据，用变量 clip_list 代表类型为列表的数据。

变量的赋值用等号"="来完成，"="的左边是一个变量，右边是该变量所代表的数据。Python 有多种数据类型，但在定义变量时不需要指明变量的数据类型，在变量赋值的过程中，Python 会自动根据所赋的值的类型来确定变量的数据类型。

定义变量的演示代码如下：

```
1   x = 1
2   print(x)
3   y = x + 25
4   print(y)
```

上述代码中的 x 和 y 就是变量。第 1 行代码表示定义一个名为 x 的变量，并赋值为 1；第 2 行代码表示输出变量 x 的值；第 3 行代码表示定义一个名为 y 的变量，并将变量 x 的值与 25 相加后的结果赋给变量 y；第 4 行代码表示输出变量 y 的值。代码的运行结果如下：

```
1    1
2    26
```

1.3.2 数据类型：数字与字符串

Python 中有 6 种基本数据类型，分别是数字、字符串、列表、字典、元组和集合。本节先介绍其中的数字和字符串。

1. 数字

Python 中的数字分为整型和浮点型两种。

整型数字（用 int 表示）与数学中的整数一样，都是指不带小数点的数字，包括正整数、负整数和 0。下列代码中的数字都是整型数字：

```
1    a = 10
2    b = -2023
3    c = 0
```

浮点型数字（用 float 表示）是指带有小数点的数字。下列代码中的数字都是浮点型数字：

```
1    a = 10.5
2    pi = 3.14159
3    c = -0.55
```

2. 字符串

字符串（用 str 表示）是由一个个字符连接而成的。组成字符串的字符可以是数字、字母、符号（包括空格）、汉字等。字符串的内容需置于一对引号内，引号可以是单引号或双引号，但必须是英文引号，并且要统一。

定义字符串的演示代码如下：

```
1    a = 'Microsoft Office 365是一种订阅式的跨平台办公软件。'
2    b = "I'm ready to go."
3    print(a)
4    print(b)
```

第 1 行代码使用单引号定义了一个包含字母、数字、汉字、符号等多种类型字符的字符串。

第 2 行代码的字符串中同时出现了双引号和单引号，其中双引号是定义字符串的引号，不会被 print() 函数输出，而单引号则是字符串的内容，会被 print() 函数输出。

运行结果如下：

```
1    Microsoft Office 365是一种订阅式的跨平台办公软件。
2    I'm ready to go.
```

如果需要在字符串中换行，有两种方法。第 1 种方法是使用三引号（3 个连续的单引号或双引号）定义字符串，演示代码如下：

```
1    c = '''明月松间照，
2    清泉石上流。'''
3    print(c)
```

运行结果如下：

```
1    明月松间照，
2    清泉石上流。
```

第 2 种方法是使用转义字符 "\n" 来表示换行，演示代码如下：

```
1    d = '明月松间照，\n清泉石上流。'
```

除了 "\n" 之外，转义字符还有很多，它们大多数是一些特殊字符，并且都以 "\" 开头。例如，"\t" 表示制表符，"\b" 表示退格，等等。

提示

初学者往往容易混淆数字和内容为数字的字符串。先来看下面两行代码：

```
1    print(520)
2    print('520')
```

运行结果如下。输出的两个 520 看起来没有任何差别，但实际上前一个 520 是整型数字，可以参与加减乘除等算术运算，后一个 520 是字符串，不能参与算术运算，否则会报错。

```
1    520
2    520
```

使用 Python 内置的 str() 函数、int() 函数、float() 函数可以实现字符串、整型数字、浮点型数字之间的类型转换，具体方法将在 1.5.1 节中讲解。

1.3.3　数据类型：列表、字典、元组、集合

列表、字典、元组、集合都是用于组织多个数据的数据类型。

1. 列表

列表（用 list 表示）是最常用的 Python 数据类型之一，它能将多个数据有序地组织在一起，并提供多种调用数据的方式。

（1）定义列表：定义一个列表的基本语法格式如下：

```
列表名 = [元素1，元素2，元素3 ……]
```

例如，要把代表 5 种短视频类型的字符串存储在一个列表中，演示代码如下：

```
1    class1 = ['技能分享', '街头采访', '情景短剧', '创意剪辑', '微纪录片']
```

列表元素的数据类型非常灵活，可以是字符串，也可以是数字，甚至可以是另一个列表。

下列代码定义的列表就含有 3 种元素：整型数字 1、字符串 '123'、列表 [1, 2, 3]。

```
1   a = [1, '123', [1, 2, 3]]
```

（2）从列表中提取单个元素：列表中的每个元素都有一个索引号。索引号的编号方式有正向和反向两种，如图 1-13 所示。正向索引是从左到右用 0 和正整数编号，第 1 个元素的索引号为 0，第 2 个元素的索引号为 1，依次递增；反向索引是从右到左用负整数编号，倒数第 1 个元素的索引号为 -1，倒数第 2 个元素的索引号为 -2，依次递减。

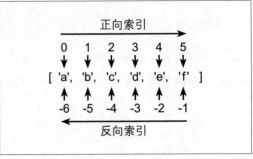

图 1-13

在列表名后加上 "[索引号]"，即可从列表中提取单个元素，演示代码如下：

```
1   class1 = ['技能分享', '街头采访', '情景短剧', '创意剪辑', '微纪录片']
2   a = class1[2]
3   b = class1[-1]
4   print(a)
5   print(b)
```

第 2 行代码中的 class1[2] 表示从列表 class1 中提取索引号为 2 的元素，即第 3 个元素。第 3 行代码中的 class1[-1] 表示从列表 class1 中提取索引号为 -1 的元素，即最后一个元素。

运行结果如下：

```
1   情景短剧
2   微纪录片
```

（3）从列表中提取多个元素——列表切片：如果想从列表中一次性提取多个元素，可以使用列表切片，其基本语法格式如下：

```
列表名[索引号1:索引号2]
```

其中，"索引号 1"对应的元素能取到，"索引号 2"对应的元素取不到，这一规则称为"左闭右开"。演示代码如下：

```
1   class1 = ['技能分享', '街头采访', '情景短剧', '创意剪辑', '微纪录片']
2   a = class1[1:4]
3   print(a)
```

在第 2 行代码的"[ ]"中，"索引号 1"为 1，对应第 2 个元素，"索引号 2"为 4，对应第 5 个元素，又根据"左闭右开"的规则，第 5 个元素是取不到的，因此，class1[1:4] 表示从列表 class1 中提取第 2～4 个元素。运行结果如下：

```
1   ['街头采访', '情景短剧', '创意剪辑']
```

列表切片操作还允许省略"索引号 1"或"索引号 2"，演示代码如下：

```
1   class1 = ['技能分享', '街头采访', '情景短剧', '创意剪辑', '微纪录片']
2   a = class1[2:]
3   b = class1[-3:]
4   c = class1[:3]
5   d = class1[:-2]
```

第 2 行代码表示提取列表 class1 的第 3 个元素到最后一个元素，得到"['情景短剧', '创意剪辑', '微纪录片']"。

第 3 行代码表示提取列表 class1 的倒数第 3 个元素到最后一个元素，得到"['情景短剧', '创意剪辑', '微纪录片']"。

第 4 行代码表示提取列表 class1 的第 4 个元素之前的所有元素（根据"左闭右开"的规则，不包含第 4 个元素），得到"['技能分享', '街头采访', '情景短剧']"。

第 5 行代码表示提取列表 class1 的倒数第 2 个元素之前的所有元素（根据"左闭右开"的规则，不包含倒数第 2 个元素），得到"['技能分享', '街头采访', '情景短剧']"。

2. 字典

字典（用 dict 表示）是另一种存储多个数据的数据类型。列表的每个元素只有一个部分，而字典的每个元素都由键（key）和值（value）两个部分组成，中间用冒号分隔。

（1）定义字典：定义一个字典的基本语法格式如下：

```
字典名 = {键1：值1，键2：值2，键3：值3 ……}
```

假设 class1 中的每种短视频类型都有一个作品数量，若要把短视频类型与其作品数量一一配对地存储在一起，就需要使用字典。演示代码如下：

```
1  class1 = {'技能分享': 11, '街头采访': 13, '情景短剧': 18, '创意剪辑':
   27, '微纪录片': 15}
```

（2）从字典中提取元素：键相当于一把钥匙，值相当于一把锁，一把钥匙对应一把锁。因此，可以根据键从字典中提取对应的值，基本语法格式如下：

```
字典名['键名']
```

例如，要提取"情景短剧"类短视频的作品数量，演示代码如下：

```
1  class1 = {'技能分享': 11, '街头采访': 13, '情景短剧': 18, '创意剪辑':
   27, '微纪录片': 15}
2  print(class1['情景短剧'])
```

运行结果如下：

```
1  18
```

（3）在字典中添加和修改元素：在字典中添加和修改元素的基本语法格式如下：

```
字典名['键名'] = 值
```

如果给出的键名是字典中已经存在的，则表示修改该键对应的值；如果给出的键名是字典中不存在的，则表示在字典中添加新的键值对。演示代码如下：

```
1  class1 = {'技能分享': 11, '街头采访': 13, '情景短剧': 18, '创意剪辑':
   27, '微纪录片': 15}
2  class1['情景短剧'] = 28
3  class1['产品评测'] = 32
4  print(class1)
```

第 2 行代码表示将字典 class1 中"情景短剧"类短视频的作品数量修改为 28。第 3 行代码表示在字典 class1 中添加新的短视频类型"产品评测"，其作品数量为 32。运行结果如下：

```
1  {'技能分享': 11, '街头采访': 13, '情景短剧': 28, '创意剪辑': 27, '微
   纪录片': 15, '产品评测': 32}
```

3. 元组和集合

相对于列表和字典来说，元组和集合用得较少，因此这里只做简单介绍。

元组（用 tuple 表示）的定义和使用方法与列表非常相似，区别在于定义列表时使用的符号是中括号"[ ]"，而定义元组时使用的符号是小括号"( )"，并且元组中的元素不可修改。元组的定义和使用的演示代码如下：

```
1  a = ('技能分享', '街头采访', '情景短剧', '创意剪辑', '微纪录片')
2  print(a[1:3])
```

从第 2 行代码可以看出，从元组中提取元素的方法和列表是一样的。运行结果如下：

```
1  ('街头采访', '情景短剧')
```

集合（用 set 表示）是由不重复的元素组成的无序序列。可用大括号"{ }"来定义集合，也可用 set() 函数来创建集合，演示代码如下：

```
1    a = ['技能分享', '街头采访', '情景短剧', '情景短剧', '创意剪辑']
2    print(set(a))
```

运行结果如下。可以看到，生成的集合中自动删除了重复的元素。

```
1    {'街头采访', '情景短剧', '技能分享', '创意剪辑'}
```

1.3.4 运算符

常用的 Python 运算符有算术运算符、字符串运算符、赋值运算符、比较运算符、逻辑运算符、成员检测运算符。

1. 算术运算符

算术运算符用于对数字进行数学运算。常用的算术运算符见表 1-1。

表 1-1

符号	名称	含义
+	加法运算符	计算两个数相加的和
-	减法运算符	计算两个数相减的差
	负号	表示一个数的相反数
*	乘法运算符	计算两个数相乘的积
/	除法运算符	计算两个数相除的商
**	幂运算符	计算一个数的某次方
//	取整除运算符	计算两个数相除的商的整数部分（舍弃小数部分，不做四舍五入）
%	取模运算符	常用于计算两个正整数相除的余数

2. 字符串运算符

"+"和"*"除了能作为算术运算符对数字进行运算，还能作为字符串运算符对字符串进行运算。"+"用于拼接字符串，"*"用于将字符串复制指定的份数，演示代码如下：

```
1    a = 'Python'
2    b = 'Hello, ' + a + '!'
3    print(b)
4    c = a * 3
5    print(c)
```

运行结果如下：

```
1    Hello, Python!
2    PythonPythonPython
```

3. 赋值运算符

前面为变量赋值时使用的"="便是一种赋值运算符。常用的赋值运算符见表 1-2。

表 1-2

符号	名称	含义
=	简单赋值运算符	将运算符右侧的值或运算结果赋给左侧
+=	加法赋值运算符	执行加法运算并将结果赋给左侧
-=	减法赋值运算符	执行减法运算并将结果赋给左侧
*=	乘法赋值运算符	执行乘法运算并将结果赋给左侧
/=	除法赋值运算符	执行除法运算并将结果赋给左侧
**=	幂赋值运算符	执行求幂运算并将结果赋给左侧
//=	取整除赋值运算符	执行取整除运算并将结果赋给左侧
%=	取模赋值运算符	执行取模运算并将结果赋给左侧

下面以加法赋值运算符"+="为例，讲解赋值运算符的运用。演示代码如下：

```
1    price = 100
2    price += 10
```

```
3    print(price)
```

第 2 行代码相当于 price = price + 10，即将变量 price 的当前值（100）与 10 相加，再将计算结果（110）重新赋给变量 price。运行结果如下：

```
1    110
```

4. 比较运算符

比较运算符又称为关系运算符，用于判断两个值之间的大小关系，其运算结果为 True（真）或 False（假）。常用的比较运算符见表 1-3。

表 1-3

符号	名称	含义
>	大于运算符	判断运算符左侧的值是否大于右侧的值
<	小于运算符	判断运算符左侧的值是否小于右侧的值
>=	大于或等于运算符	判断运算符左侧的值是否大于或等于右侧的值
<=	小于或等于运算符	判断运算符左侧的值是否小于或等于右侧的值
==	等于运算符	判断运算符左右两侧的值是否相等
!=	不等于运算符	判断运算符左右两侧的值是否不相等

比较运算符通常用于构造判断条件，以根据判断结果决定程序的运行方向。下面以小于运算符"<"为例，讲解比较运算符的运用。演示代码如下：

```
1    price = 120
2    if price < 150:
3        print('低于商品成本价')
```

因为 120 小于 150，所以运行结果如下：

```
1    低于商品成本价
```

提示

初学者需注意区分 "=" 和 "==" : 前者是赋值运算符,用于给变量赋值;后者是比较运算符,用于比较两个值(如数字)是否相等。

5. 逻辑运算符

逻辑运算符一般与比较运算符结合使用,其运算结果也为 True(真)或 False(假),因而也常用于构造判断条件。常用的逻辑运算符见表 1-4。

表 1-4

符号	名称	含义
or	逻辑或	只有该运算符左右两侧的值都为 False 时才返回 False,否则返回 True
and	逻辑与	只有该运算符左右两侧的值都为 True 时才返回 True,否则返回 False
not	逻辑非	该运算符右侧的值为 True 时返回 False,为 False 时则返回 True

例如,一个整数只有同时满足 "大于或等于 1" 和 "小于或等于 12" 这两个条件时,才能被视为月份值。演示代码如下:

```
1  month = 8
2  if (month >= 1) and (month <= 12):
3      print(month, '是月份值')
4  else:
5      print(month, '不是月份值')
```

第 2 行代码中,"and" 运算符左右两侧的判断条件都加了括号,其实不加括号也能正常运行,但是加上括号能让代码更易于理解。

因为变量 month 的值同时满足设定的两个条件,所以会执行第 3 行代码,不会执行第 5 行代码。运行结果如下:

```
1  8 是月份值
```

如果把第 2 行代码中的 "and" 换成 "or"，那么只要满足一个条件，就会执行第 3 行代码。

6. 成员检测运算符

Python 中的成员检测运算符是 "in" 和 "not in"，其作用是检测一个数据是否为某个数据集合的成员。以 "in" 运算符为例，它能检测一个字符串是否包含另一个字符串，或者一个列表是否包含指定的元素，或者一个键是否出现在一个字典中，等等。检测结果为真时返回 True，为假时返回 False。演示代码如下：

```
1    a = 'Hello, world!'
2    if '!' in a:
3        print('字符串a包含感叹号')
4    b = [1, 2, 3, 4, 5]
5    if 2 in b:
6        print('列表b包含数字2')
7    c = {'姓名': '李芸', '性别': '女', '年龄': 24}
8    if '年龄' in c:
9        print('字典c包含年龄信息')
```

运行结果如下：

```
1    字符串a包含感叹号
2    列表b包含数字2
3    字典c包含年龄信息
```

"not in" 运算符进行的是 "不包含" 的检测，其返回的逻辑值与 "in" 运算符相反。

1.4 控制语句

Python 的控制语句分为条件语句（如 if 语句）和循环语句（如 for 语句、while 语句）。本节主要介绍本书中会用到的 if 语句和 for 语句，以及它们的嵌套用法。

1.4.1　if 语句

if 语句主要用于根据条件是否成立来执行不同的操作，其基本语法格式如下：

```
1   if 条件:  # 注意不要遗漏冒号
2       代码1  # 注意代码前要有缩进
3   else:  # 注意不要遗漏冒号
4       代码2  # 注意代码前要有缩进
```

在代码运行过程中，if 语句会判断其后的条件是否成立：如果成立，则执行代码 1；如果不成立，则执行代码 2。如果不需要在条件不成立时执行操作，可省略 else 及其后的代码。

💬 提示 ──────────────────────────────

if、for、while 等语句都是通过冒号和缩进来区分代码块之间的层级关系的。如果遗漏了冒号或缩进，运行代码时就会报错。Python 对缩进量的要求也非常严格，同一个层级的代码块，其缩进量必须一样。本书推荐以 4 个空格（即按 4 次空格键）作为缩进量的基本单位。

此外，有时缩进不正确虽然不会报错，但是会使 Python 解释器不能正确地理解代码块之间的层级关系，从而得不到预期的运行结果。因此，读者在阅读和编写代码时一定要注意其中的缩进。

──────────────────────────────────────

💬 提示 ──────────────────────────────

以"#"号开头的内容是 Python 代码的注释，它不参与代码的运行。注释的主要作用是解释和说明代码的功能和编写思路等，以提高代码的可读性。注释可放在被注释代码的后面，或作为单独的一行放在被注释代码的上方。

在调试程序时，如果有暂时不需要运行的代码，不必将其删除，可以先将其转换成注释，等调试结束后再取消注释。

──────────────────────────────────────

在前面的学习中其实已经多次接触到 if 语句，这里再做一个简单的演示。代码如下：

```
1   duration = 8.6
```

```
2    if duration >= 10:
3        print('视频时长过长')
4    else:
5        print('视频时长合适')
```

因为变量 duration 的值为 8.6，不满足"大于或等于 10"的条件，所以运行结果如下：

```
1    视频时长合适
```

1.4.2　for 语句

for 语句常用于完成指定次数的重复操作，其基本语法格式如下：

```
1    for i in 可迭代对象（如列表、字符串、字典等）：  # 注意不要遗漏冒号
2        要重复执行的代码  # 注意代码前要有缩进
```

用列表作为可迭代对象的演示代码如下：

```
1    list1 = ['视频1', '视频2', '视频3']
2    for i in list1:
3        print(i)
```

在上述代码的运行过程中，for 语句会依次取出列表 list1 中的元素并赋给变量 i，每取一个元素就执行一次第 3 行代码，直到取完所有元素为止。因为列表 list1 中有 3 个元素，所以第 3 行代码会被重复执行 3 次，运行结果如下：

```
1    视频1
2    视频2
3    视频3
```

这里的 i 只是一个代号，可以换成其他变量。例如，将第 2 行代码中的 i 改为 j，则第 3

行代码就要相应改为 print(j)，得到的运行结果是一样的。

如果用字符串作为可迭代对象，则变量 i 代表字符串中的字符。演示代码如下：

```
1   str1 = 'MP3音乐'
2   for i in str1:
3       print(i)
```

运行结果如下：

```
1   M
2   P
3   3
4   音
5   乐
```

如果用字典作为可迭代对象，则变量 i 代表字典的键。实践中更常见的写法是用字典的 items() 函数将键和值成对取出，演示代码如下：

```
1   class1 = {'技能分享': 11, '街头采访': 13, '情景短剧': 18}
2   for k, v in class1.items():
3       print(k, v)
```

第 2 行代码表示用字典的 items() 函数将键和值成对取出，再将它们分别赋给变量 k 和 v。运行结果如下：

```
1   技能分享 11
2   街头采访 13
3   情景短剧 18
```

此外，Python 编程中还常用 range() 函数创建一个整数序列用于控制循环次数，演示代码如下：

```
1    for i in range(3):
2        print('第', i + 1, '次')
```

range() 函数创建的序列默认从 0 开始，并且该函数具有"左闭右开"的特性：起始值可以取到，而终止值取不到。因此，第 1 行代码中的 range(3) 表示创建一个整数序列——0、1、2。运行结果如下：

```
1    第 1 次
2    第 2 次
3    第 3 次
```

1.4.3　控制语句的嵌套

控制语句的嵌套是指在一个控制语句中包含一个或多个相同或不同的控制语句。可根据要实现的功能采用不同的嵌套方式，例如，for 语句中嵌套 for 语句，if 语句中嵌套 if 语句，for 语句中嵌套 if 语句，if 语句中嵌套 for 语句，等等。

先来看一个在 if 语句中嵌套 if 语句的例子，演示代码如下：

```
1    duration = 3
2    play_count = 8000
3    if duration < 5:
4        if play_count >= 10000:
5            print('合格的短视频')
6        else:
7            print('不合格的短视频')
8    else:
9        print('不是短视频')
```

第 3～9 行代码为一个 if 语句，第 4～7 行代码也为一个 if 语句，后者嵌套在前者之中。

这个嵌套结构的含义是：如果变量 duration 的值小于 5，且变量 play_count 的值大于或等于 10000，则输出"合格的短视频"；如果变量 duration 的值小于 5，且变量 play_count 的值小于 10000，则输出"不合格的短视频"；如果变量 duration 的值大于或等于 5，则无论变量 play_count 的值为多少，都输出"不是短视频"。因此，代码的运行结果如下：

```
1    不合格的短视频
```

再来看一个在 for 语句中嵌套 if 语句的例子，演示代码如下：

```
1    for i in range(3):
2        if i % 2 == 0:
3            print(i, '是偶数')
4        else:
5            print(i, '是奇数')
```

第 1～5 行代码为一个 for 语句，第 2～5 行代码为一个 if 语句，后者嵌套在前者之中。第 1 行代码中 for 语句和 range() 函数的结合使用让 i 可以依次取值 0、1、2，然后进入 if 语句，当 i 被 2 整除的余数等于 0 时，输出 i 是偶数的判断结果，否则输出 i 是奇数的判断结果。因此，代码的运行结果如下：

```
1    0 是偶数
2    1 是奇数
3    2 是偶数
```

1.5　函数

函数就是把具有独立功能的代码块组织成一个小模块，在需要时直接调用。函数又分为内置函数和自定义函数：内置函数是 Python 的开发者已经编写好的函数，用户可以直接调用；自定义函数则是用户自行编写的函数。

1.5.1 常用的内置函数

在前面的内容中多次出现的 print() 函数就是一个内置函数，它用于在屏幕上输出内容。下面介绍更多常用的内置函数。

1. str() 函数

str() 函数可以将一个值转换为字符串，在进行字符串拼接时经常用到。演示代码如下：

```
1    duration = 106
2    print('短视频时长为' + str(duration) + '秒')
```

第 1 行代码将整型数字 106 赋给变量 duration，在第 2 行代码中进行字符串拼接时需要先用 str() 函数将变量 duration 的值转换成字符串，否则会报错。运行结果如下：

```
1    短视频时长为106秒
```

2. int() 函数和 float() 函数

int() 函数可以将浮点型数字和内容为整型数字的字符串转换为整型数字。在转换浮点型数字时，该函数不会做四舍五入，而是直接舍去小数部分，只保留整数部分。

float() 函数可以将整型数字和内容为数字（包括整型数字和浮点型数字）的字符串转换为浮点型数字。在转换整型数字和内容为整数的字符串时，该函数会在数字末尾添加小数点和一个 0。

演示代码如下：

```
1    a = '285.73'
2    b = '96'
3    c = float(a) / int(b)
4    d = int(c)
5    print(c)
6    print(d)
```

运行结果如下：

```
1   2.976354166666667
2   2
```

3. len() 函数

len() 函数可以用于统计列表的长度（元素个数）和字符串的长度（字符个数），演示代码如下：

```
1   list1 = ['视频1', '视频2', '视频3']
2   str1 = 'MP3音乐'
3   print(len(list1))
4   print(len(str1))
```

运行结果如下：

```
1   3
2   5
```

4. replace() 函数

replace() 函数主要用于在字符串中进行查找和替换，其基本语法格式如下：

```
字符串.replace(要查找的内容, 要替换为的内容)
```

演示代码如下：

```
1   a = '<em>明月松间照，</em>清泉石上流。'
2   a = a.replace('<em>', '')
3   a = a.replace('</em>', '')
4   print(a)
```

在第2、3行代码中，replace() 函数的第2个参数的引号中没有任何内容，因此，这两行代码表示"将查找到的内容删除"。因为 replace() 函数的返回值仍是字符串，所以这两行代码也可以合并成如下所示的一行代码：

```
1  a = a.replace('<em>', '').replace('</em>', '')
```

运行结果如下：

```
1  明月松间照，清泉石上流。
```

5. strip() 函数

strip() 函数主要用于删除字符串首尾的空白字符（包括空格、换行符、回车符和制表符），其基本语法格式如下：

```
字符串.strip()
```

演示代码如下：

```
1  a = '    Office Automation简称OA。      '
2  a = a.strip()
3  print(a)
```

运行结果如下。可以看到，字符串首尾的空格都被删除了，字符串中间的空格则被保留。

```
1  Office Automation简称OA。
```

6. split() 函数和 join() 函数

split() 函数可以按照指定的分隔符将字符串拆分成列表，其基本语法格式如下：

```
字符串.split('分隔符')
```

join() 函数可以按照指定的连接符将列表中的元素连接成字符串，其基本语法格式如下：

```
'连接符'.join(列表名)
```

演示代码如下：

```
1  today = '2023-06-01'
2  a = today.split('-')
3  print(a)
4  b = '/'.join(a)
5  print(b)
```

运行结果如下：

```
1  ['2023', '06', '01']
2  2023/06/01
```

7. append() 函数

append() 函数可以在列表的末尾添加元素，其基本语法格式如下：

```
列表名.append(要添加的元素)
```

演示代码如下：

```
1  list1 = []  # 创建一个空列表
2  list1.append('情景短剧')  # 给列表添加一个元素
3  print(list1)
4  list1.append('技能分享')  # 给列表再添加一个元素
5  print(list1)
```

运行结果如下：

```
1    ['情景短剧']
2    ['情景短剧', '技能分享']
```

8．zip() 函数

zip() 函数以可迭代对象（如字符串、列表、元组等）作为参数，将对象中对应的元素一一配对，打包成一个个元组。其基本语法格式如下：

```
zip(可迭代对象1，可迭代对象2，可迭代对象3……)
```

zip() 函数经常与 for 语句结合使用，演示代码如下：

```
1    a = ['技能分享', '街头采访', '情景短剧']
2    b = [11, 13, 18]
3    for i in zip(a, b):
4        print(i)
```

运行结果如下：

```
1    ('技能分享', 11)
2    ('街头采访', 13)
3    ('情景短剧', 18)
```

需要注意的是，如果各个可迭代对象的长度不一致，zip() 函数返回的元组个数等于最短的对象的长度。

9．enumerate() 函数

enumerate() 函数可以将一个可迭代对象的元素序号和元素本身一一配对，打包成一个个元组。其基本语法格式如下：

```
enumerate(可迭代对象，序号起始值（默认值为0）)
```

enumerate() 函数经常与 for 语句结合使用，演示代码如下：

```
1  a = ['旅游', '美食', '才艺']
2  for i, j in enumerate(a):
3      print(i, j)
```

运行结果如下：

```
1  0 旅游
2  1 美食
3  2 才艺
```

1.5.2 自定义函数

除了使用内置函数，我们还可以按照需求自己编写函数。

1．函数的定义与调用

在 Python 中使用 def 语句来定义一个函数，其基本语法格式如下：

```
1  def 函数名(参数):   # 注意不要遗漏冒号，参数可以有一个或多个，也可以没有
2      实现函数功能的代码   # 注意代码前要有缩进
```

演示代码如下：

```
1  def my_func(x):
2      print(x * 2)
3  my_func(1)
```

第 1、2 行代码定义了一个名为 my_func 的函数，其只有一个参数 x，函数的功能是输出 x 的值与 2 相乘的运算结果。第 3 行代码调用 my_func() 函数，并在括号中输入 1 作为参数值。运行结果如下：

```
1    2
```

从上述代码可以看出，函数的调用很简单，只需要输入函数名，再在函数名后面的括号中输入参数值。如果将上述第 3 行代码修改为 my_func(2)，那么运行结果就是 4。

定义函数时的参数称为形式参数，它只是一个代号，可以换成其他内容。例如，可以把上述代码中的 x 换成 y，演示代码如下：

```
1    def my_func(y):
2        print(y * 2)
3    my_func(1)
```

定义函数时也可以设置多个参数。以定义含有两个参数的函数为例，演示代码如下：

```
1    def my_func(x, y):
2        print(x * y * 2)
3    my_func(1, 2)
```

第 1 行代码在定义函数时指定了两个参数 x 和 y，因此，第 3 行代码在调用函数时需要在括号中输入两个参数值。运行结果如下：

```
1    4
```

定义函数时也可以不设置参数，演示代码如下：

```
1    def my_func():
2        x = 1
3        print(x * 2)
4    my_func()
```

第 1～3 行代码在定义函数时没有设置参数，因此，第 4 行代码直接输入函数名和括号就可以调用函数（注意不能省略括号）。运行结果如下：

```
1    2
```

2. 定义有返回值的函数

在前面的例子中，定义函数时都是直接输出运行结果，之后就无法使用这个结果了。如果之后还要使用函数的运行结果，要在定义函数时用 return 语句设置返回值。演示代码如下：

```
1    def my_func(x):
2        return x * 2
3    a = my_func(1)
4    print(a)
```

第 1、2 行代码定义的 my_func() 函数的功能不是直接输出运算结果，而是将运算结果作为函数的返回值返回给调用函数的代码。第 3 行代码在执行时会先调用 my_func() 函数，并以 1 作为函数的参数值，my_func() 函数内部计算出 1 乘以 2 的结果为 2，再将 2 返回给第 3 行代码，赋给变量 a。运行结果如下：

```
1    2
```

3. 变量的作用域

简单来说，变量的作用域是指变量起作用的代码范围。具体到函数的定义，函数内使用的变量与函数外的代码是没有关系的，演示代码如下：

```
1    x = 1
2    def my_func(x):
3        x = x * 2
4        print(x)
5    my_func(3)
6    print(x)
```

请读者先思考一下：上述代码会输出什么内容呢？

下面揭晓运行结果：

```
1    6
2    1
```

第 4 行和第 6 行代码都是 print(x)，为什么输出的内容不同呢？这是因为 my_func(x) 里面的 x 和外面的 x 没有关系。之前讲过，可以把 my_func(x) 换成 my_func(y)，演示代码如下：

```
1    x = 1
2    def my_func(y):
3        y = y * 2
4        print(y)
5    my_func(3)
6    print(x)
```

运行结果如下：

```
1    6
2    1
```

可以发现，两段代码的运行结果一样。my_func(y) 中的 y 或者说 my_func(x) 中的 x 只在函数内部生效，并不会影响外部的变量。正如前面所说，函数的形式参数只是一个代号，属于函数内的局部变量，因此不会影响函数外部的变量。

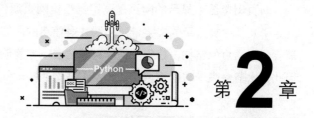

第2章

爬虫技术基础

　　短视频从业者通过分析数据可以更加科学地进行选题策划和账号运营。要分析数据，首先要拥有数据。在当今这个互联网时代，大量的数据以网页作为载体，本章将介绍从网页中采集数据的利器——爬虫。

　　爬虫是一种计算机代码或脚本，它能模拟网页浏览器对存储指定网页的服务器发起请求，从而获得网页的源代码，再按照一定的规则从源代码中提取需要的数据。

2.1 认识网页结构

　　网页浏览器中显示的网页是浏览器根据网页源代码进行渲染后呈现出来的。网页源代码规定了网页中要显示的文字、链接、图片等信息的内容和格式。为了从网页源代码中提取数据，需要分析网页的结构，找到数据的存储位置，才能制定提取数据的规则，编写出爬虫的代码。因此，本节先来学习网页源代码和网页结构的基础知识。

2.1.1 查看网页源代码

　　开发爬虫项目时经常使用谷歌浏览器（Chrome）分析网页，因为它为开发者提供了许多功能强大、使用便捷的工具。下面介绍在谷歌浏览器中查看网页源代码的两种方法。

1．使用右键菜单查看网页源代码

　　在谷歌浏览器中打开任意一个网页，这里打开百度搜索引擎（https://www.baidu.com/），并搜索关键词"当当"。❶在搜索结果页面的空白处单击鼠标右键，❷在弹出的快捷菜单中单击"查看网页源代码"命令，如图 2-1 所示。

图 2-1

　　随后会弹出一个窗口，显示当前网页的源代码，如图 2-2 所示。利用鼠标滚轮上下滚动页面，能够看到更多的源代码内容。

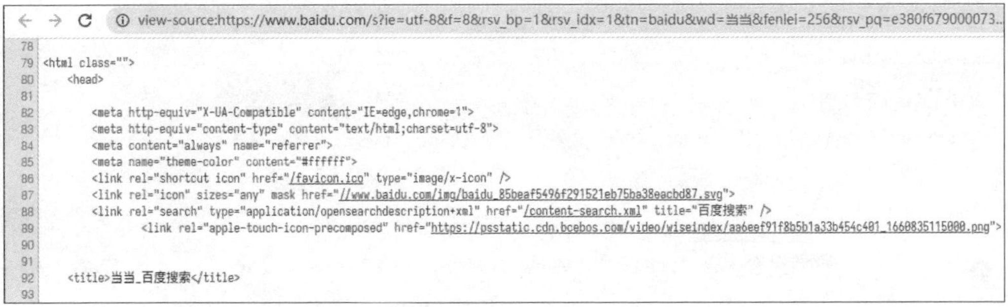

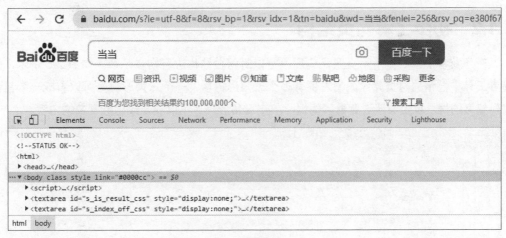

图 2-2

2. 使用开发者工具查看网页源代码

开发者工具是谷歌浏览器自带的一个数据挖掘利器，它能直观地指示网页元素和源代码的对应关系，帮助我们更快捷地定位数据。

在谷歌浏览器中打开网页，然后按〈F12〉键，即可打开开发者工具。如图 2-3 所示，此时窗口分为上下两个部分：上半部分是网页；下半部分是开发者工具，其中默认显示的是"Elements"选项卡，该选项卡中的内容就是网页源代码。源代码中被"<>"括起来的文本称为网页元素，我们需要提取的数据就存放在这些网页元素中。

图 2-3

❶单击开发者工具左上角的元素选择工具按钮 ，按钮变成蓝色，❷将鼠标指针移到窗口上半部分的任意一个网页元素（如百度的徽标）上，该元素会被突出显示，❸同时开发者

工具的"Elements"选项卡中该元素对应的源代码也会被突出显示，如图 2-4 所示。

图 2-4

在实际应用中常常会结合使用上述两种方法。在这两种方法打开的界面中，都可以按快捷键〈Ctrl+F〉打开搜索框，搜索和定位我们感兴趣的内容，从而提高分析效率。

需要注意的是，使用这两种方法看到的网页源代码可能相同，也可能不同。两者的区别为：前者是网站服务器返回给浏览器的原始源代码，后者则是浏览器对原始源代码做了错误修正和动态渲染的结果。如果两者基本相同，说明该网页是静态网页；如果两者差别较大，说明该网页是动态网页。静态网页和动态网页的源代码获取方法不同，后面会分别讲解。

2.1.2　初步了解网页结构

在开发者工具中显示网页源代码后，可以对网页结构进行初步了解。如图 2-5 所示，开发者工具中显示的网页源代码的左侧有多个三角形符号。一个三角形符号可以看成一个包含代码信息的框，框里面还嵌套着其他框，单击三角形符号可以展开或隐藏框中的内容。

图 2-5

　　由此可见，网页的结构就相当于一个大框里嵌套着一个或多个中框，一个中框里嵌套着一个或多个小框。不同的框属于不同的层级，网页源代码前的缩进即代表层级关系。

2.1.3　网页结构的组成

◎ 代码文件：实例文件＼02＼2.1＼test.html

　　前面利用开发者工具查看了网页的源代码和基本结构，下面创建一个简单的网页，帮助读者进一步认识网页结构的基本组成。启动 Jupyter Notebook，单击界面右上角的"New"按钮，在展开的列表中选择"Text File"选项，创建一个文本文件。在文件的编辑页面中将文件重命名为"test.html"，并在"Language"菜单中选择"HTML"选项，这样就创建了一个 HTML 文档。在代码编辑区输入如图 2-6 所示的 HTML 代码，搭建出一个网页的基本框架。

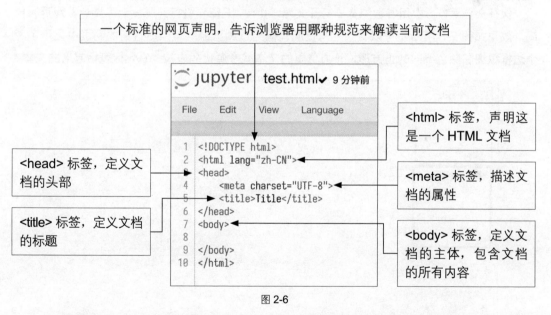

图 2-6

　　按快捷键〈Ctrl+S〉保存 HTML 文档，然后用谷歌浏览器打开该文档，会看到一个空白网页，这是因为 <body> 标签下还没有任何内容。如果要为网页添加内容元素，就要在 HTML 文档中添加对应元素的代码。大部分网页元素是由格式类似"<×××> 文本内容 </×××>"的代码来定义的，这些代码称为 HTML 标签。下面介绍一些常用的 HTML 标签。

1. <div> 标签——定义区块

<div> 标签用于定义一个区块，表示在网页中划定一个区域来显示指定的内容。区块的宽度和高度分别用参数 width 和 height 来定义，区块边框的格式（如粗细、线型、颜色等）用参数 border 来定义，这些参数都存放在 style 属性下。

在 <body> 标签下方添加两个 <div> 标签，定义两个区块，如图 2-7 所示。两个区块的宽度和高度均为 100 px，但是边框粗细和颜色不同，区块中的文本内容也不同。

```
7  <body>
8  <div style="height:100px;width:100px;border:1px solid #100">第一个div</div>
9  <div style="height:100px;width:100px;border:3px solid #500">第二个div</div>
10 </body>
11 </html>
```

图 2-7

保存文档后，再次用谷歌浏览器打开文档，并按〈F12〉键打开开发者工具查看网页源代码，效果如图 2-8 所示。可以看到，网页源代码经过浏览器的渲染后得到的网页中显示了两个边框粗细和颜色不同的正方形，正方形里的文本就是源代码中被 <div> 标签括起来的文本。

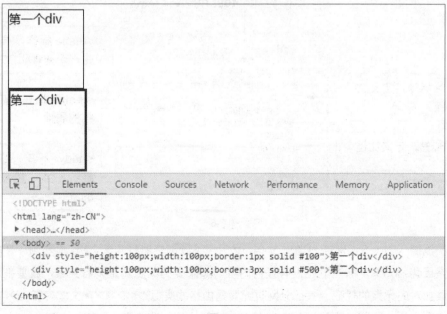

图 2-8

2．<ul> 标签、<ol> 标签和 <li> 标签——定义列表

<ul> 标签和 <ol> 标签分别用于定义无序列表和有序列表。<li> 标签位于 <ul> 标签或 <ol> 标签之下，用于定义列表中的条目。无序列表中的 <li> 标签在网页中默认显示的项目符号为小圆点，有序列表中的 <li> 标签在网页中默认显示的编号为数字序列。

在 <body> 标签下添加一个 <div> 标签，在该标签下添加 <ul>、<ol>、<li> 标签，如图 2-9 所示。用谷歌浏览器打开修改后的文档并用开发者工具查看源代码，效果如图 2-10 所示。

图 2-9　　　　　　　　　　　　　　　　　　图 2-10

3．<h> 标签——定义标题

<h> 标签用于定义标题，它细分为 <h1> 到 <h6> 共 6 个标签，所定义的标题的字号从大到小依次变化。

在 <body> 标签下添加 <h> 标签的代码，如图 2-11 所示。用谷歌浏览器打开修改后的文档并用开发者工具查看源代码，效果如图 2-12 所示。

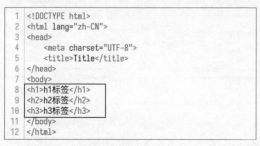

图 2-11

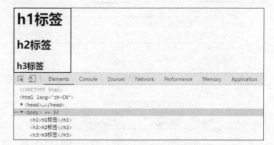

图 2-12

4. <a> 标签——定义链接

<a> 标签用于定义链接，href 属性指定在网页中单击链接时跳转到的页面地址。

在 <body> 标签下添加 <a> 标签的代码，如图 2-13 所示。用谷歌浏览器打开修改后的文档并用开发者工具查看源代码，效果如图 2-14 所示。单击网页中的链接文字"百度的链接"，会跳转到百度搜索引擎的首页。

```
1  <!DOCTYPE html>
2  <html lang="zh-CN">
3  <head>
4      <meta charset="UTF-8">
5      <title>Title</title>
6  </head>
7  <body>
8  <a href="https://www.baidu.com">百度的链接</a>
9  </body>
10 </html>
```

图 2-13

图 2-14

5. <img> 标签——定义图片

<img> 标签用于显示图片，src 属性指定图片的网址，alt 属性指定在图片无法正常加载时显示的替换文本。

在 <body> 标签下添加 <img> 标签的代码，如图 2-15 所示。用谷歌浏览器打开修改后的文档并用开发者工具查看源代码，效果如图 2-16 所示。

```
1  <!DOCTYPE html>
2  <html lang="zh-CN">
3  <head>
4      <meta charset="UTF-8">
5      <title>Title</title>
6  </head>
7  <body>
8  <img src="https://www.baidu.com/img/PCtm_d9c8
   750bed0b3c7d089fa7d55720d6cf.png" alt="百度">
9  </body>
10 </html>
```

图 2-15

图 2-16

6. <p> 标签——定义段落

<p> 标签用于定义段落。不设置样式时，一个 <p> 标签的内容在网页中显示为一行。

在 <body> 标签下添加 <p> 标签的代码，如图 2-17 所示。用谷歌浏览器打开修改后的文档并用开发者工具查看源代码，效果如图 2-18 所示。

```
1   <!DOCTYPE html>
2   <html lang="zh-CN">
3   <head>
4       <meta charset="UTF-8">
5       <title>Title</title>
6   </head>
7   <body>
8   <p>这是第一个p标签</p>
9   <p>这是第二个p标签</p>
10  <p>这是第三个p标签</p>
11  </body>
12  </html>
```

图 2-17

图 2-18

7．<span> 标签——定义行内元素

<span> 标签用于定义行内元素，以便为不同的元素设置不同的格式。例如，在一段连续的文本中将一部分文本加粗，为另一部分文本添加下划线，等等。

在 <body> 标签下添加 <span> 标签的代码，如图 2-19 所示。用谷歌浏览器打开修改后的文档并用开发者工具查看源代码，效果如图 2-20 所示。可以看到两个 <span> 标签中的文本显示在同一行，并且由于没有设置样式，两部分文本的视觉效果没有任何差异。

```
1   <!DOCTYPE html>
2   <html lang="zh-CN">
3   <head>
4       <meta charset="UTF-8">
5       <title>Title</title>
6   </head>
7   <body>
8   <span>这是第一个span标签</span>
9   <span>这是第二个span标签</span>
10  </body>
11  </html>
```

图 2-19

这是第一个span标签 这是第二个span标签

```
Elements   Console   Sources   Network   Performance
<!DOCTYPE html>
<html lang="zh-CN">
▶ <head>…</head>
▼ <body> == $0
    <span>这是第一个span标签</span>
    <span>这是第二个span标签</span>
  </body>
</html>
```

图 2-20

2.1.4　百度新闻页面结构剖析

　　下面通过剖析百度新闻的页面结构，帮助读者进一步理解各个 HTML 标签的作用。

　　在谷歌浏览器中打开百度新闻体育频道（https://news.baidu.com/sports），按〈F12〉键打开开发者工具，在"Elements"选项卡下查看网页源代码，如图 2-21 所示。其中 <body> 标签下存放的是该网页的主要内容，这里重点查看 4 个 <div> 标签。

图 2-21

　　分别单击前 3 个 <div> 标签，可在窗口的上半部分看到它们对应的区域，如图 2-22 所示。

图 2-22

单击第 4 个 <div> 标签，可看到选中了网页底部的区域，如图 2-23 所示。

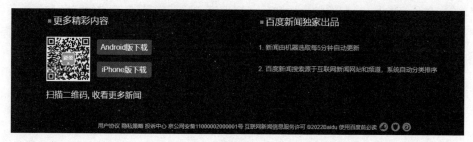

图 2-23

单击每个 <div> 标签前方的折叠 / 展开按钮，可以看到该 <div> 标签下的标签，可能是另一个 <div> 标签，也可能是 <ul> 标签、<li> 标签等，如图 2-24 所示，这些标签同样可以继续展开。这样一层层地剖析，就能大致了解网页的结构组成和源代码之间的对应关系。

图 2-24

前面介绍 <a> 标签时定义的是一个文字链接，而许多网页源代码中的 <a> 标签下还包含 <img> 标签，这表示该链接是一个图片链接。如图 2-25 所示为百度新闻页面中的一个图片链接及其对应的源代码，在网页中单击该图片，就会跳转到 <a> 标签中指定的网址。

图 2-25

经过剖析可以发现，百度新闻页面中的新闻标题和链接基本是由大量 \<li\> 标签下嵌套的 \<a\> 标签定义的。取出 \<a\> 标签的文本和 href 属性值，就能得到每条新闻的标题和详情页链接。

读者可以用上面讲解的方法分析其他网页的源代码。多做这种练习，能够更好地理解网页的结构组成，对后面学习数据爬取有很大帮助。

2.2　Requests 模块

前面介绍了如何在浏览器中获取和查看网页的源代码，那么如何用 Python 获取网页的源代码呢？这里介绍 Python 的一个第三方模块——Requests，它可以模拟浏览器发起网络请求，从而获取网页源代码。该模块的安装命令为 "pip install requests"。

发起网络请求、获取网页源代码主要使用的是 Requests 模块中的 get() 函数。本节将介绍如何用 get() 函数获取静态网页和动态网页的源代码。

2.2.1　获取静态网页的源代码

◎ 代码文件：实例文件 \ 02 \ 2.2 \ 百度首页源代码获取.ipynb、新浪网首页源代码获取.ipynb

静态网页是指设计好后其内容就不再变动的网页，所有用户访问该网页时看到的页面效果都一样。对于这种网页可以直接请求源代码，然后对源代码进行数据解析，就能获得想要的数据。

下面以百度首页为例，讲解用 get() 函数获取静态网页源代码的方法，演示代码如下：

```
1   import requests
2   url = 'https://www.baidu.com'
3   headers = {'User-Agent': 'Mozilla/5.0 (Windows NT 10.0; Win64;
    x64) AppleWebKit/537.36 (KHTML, like Gecko) Chrome/102.0.0.0 Safa-
    ri/537.36'}
4   response = requests.get(url=url, headers=headers)
5   result = response.text
6   print(result)
```

第 1 行代码用于导入 Requests 模块。

第 2 行代码将百度首页的网址赋给变量 url。需要注意的是，网址要完整。可以在浏览器中访问要获取网页源代码的网址，成功打开页面后，复制地址栏中的完整网址，粘贴到代码中。

第 3 行代码中的变量 headers 是一个字典，它只有一个键值对：键为 'User-Agent'，意思是用户代理；值代表以哪种浏览器的身份访问网页，不同浏览器的 User-Agent 值不同，这里使用的是谷歌浏览器的 User-Agent 值。

💬 **技巧**

打开谷歌浏览器，在地址栏中输入"chrome://version"（注意要用英文冒号），按〈Enter〉键，在打开的页面中找到"用户代理"项，后面的字符串就是 User-Agent 值，如图 2-26 所示。

图 2-26

第 4 行代码使用 Requests 模块中的 get() 函数对指定的网址发起请求，服务器会根据请求的网址返回一个响应对象。参数 url 用于指定网址，参数 headers 则用于指定以哪种浏览器的身份发起请求。如果省略参数 headers，对有些网页也能获得源代码，但是对相当多的网页则会爬取失败，因此，最好不要省略该参数。

💬 **技巧**

除了 url 和 headers，get() 函数还有其他参数，最常用的是 params、timeout、proxies。在实践中可根据遇到的问题添加对应的参数。

参数 params 用于在发送请求时携带动态参数。该参数值的获取方法将在 2.2.2 节进行介绍。

参数 timeout 用于设置请求超时的时间。由于网络传输不畅等原因，不是每次请求都能被网站服务器接收到。如果经过一定时间未收到服务器的响应，Requests 模块会重复发起同一个请求，多次请求未成功就会报错，程序停止运行。如果不设置参数 timeout，程序可能会挂起很长时间来等待响应结果的返回。

参数 proxies 用于为爬虫程序设置代理 IP 地址。网站服务器在接收请求的同时可以获知发起请求的计算机的 IP 地址。如果服务器检测到同一 IP 地址在短时间内发起了大量请求，就会认为该 IP 地址的用户是爬虫程序，并对该 IP 地址的访问采取限制措施。使用参数 proxies 为爬虫程序设置代理 IP 地址，代替本地计算机发起请求，就能绕过服务器的限制措施。

第 5 行代码通过响应对象的 text 属性获取网页源代码。

第 6 行代码使用 print() 函数输出获得的网页源代码。

运行上述代码，即可输出百度首页的源代码，如图 2-27 所示。

```
<!DOCTYPE html><!--STATUS OK--><html><head><meta http-equiv="Content-Type" content="text/html;
charset=utf-8"><meta http-equiv="X-UA-Compatible" content="IE=edge,chrome=1"><meta content="al
ways" name="referrer"><meta name="theme-color" content="#ffffff"><meta name="description" cont
ent="全球领先的中文搜索引擎、致力于让网民更便捷地获取信息，找到所求。百度超过千亿的中文网页数据库，可以
瞬间找到相关的搜索结果。"><link rel="shortcut icon" href="/favicon.ico" type="image/x-icon" /><l
ink rel="search" type="application/opensearchdescription+xml" href="/content-search.xml" title
="百度搜索" /><link rel="icon" sizes="any" mask href="//www.baidu.com/img/baidu_85beaf5496f2915
21eb75ba38eacbd87.svg"><link rel="dns-prefetch" href="//dss0.bdstatic.com"/><link rel="dns-pre
```

图 2-27

有时用 Python 获得的网页源代码中会有多处乱码，这些乱码原本应该是中文字符，但是由于 Python 获得的网页源代码的编码格式和网页实际的编码格式不一致，从而显示为乱码。要解决乱码问题，需要分析编码格式，并重新编码和解码。

以获取新浪网首页（https://www.sina.com.cn）的网页源代码为例，演示代码如下：

```
1   import requests
2   url = 'https://www.sina.com.cn/'
3   headers = {'User-Agent': 'Mozilla/5.0 (Windows NT 10.0; Win64;
    x64) AppleWebKit/537.36 (KHTML, like Gecko) Chrome/102.0.0.0 Safa-
    ri/537.36'}
4   response = requests.get(url=url, headers=headers)
5   result = response.text
6   print(result)
```

代码运行结果如图 2-28 所示，可以看到其中有多处乱码。

```
<head>
    <meta http-equiv="Content-type" content="text/html; charset=utf-8" />
    <meta http-equiv="X-UA-Compatible" content="IE=edge" />
    <title>æ–°æµªç½'</title>
        <meta name="keywords" content="æ–°æµª,æ–°æµªç½',SINA,sina,sina.com.cn,æ–°æµªé¦-é¡µ,é—¨
æˆ·,èµ„è®¯" />
        <meta name="description" content="æ–°æµªç½'ä¸ºå...¨çƒ"æ–·24å°æ—¶æä¾› å...¨é¢åŠ—æ—¶ã-
æ-‡å¸µ,è®¯ï¼Œå‡ å®°é¡¡å†...å‡ºç²¾å½© å¤-ç2ãå-°ç-»ã'ä¹ˆãã'ã¢ã'å'¤µæ'£ã å-'±æ-¶ãºã'§ã'è§ã'ç"¬ã'
¿ãˆ ç²‰ï¼Œæˆ%ãæ±-é-»ãã½'è, ²åˆˆ±ãˆè ¢ç»ãç§‹ãšæ¿ï¼ä¸²§ãåˆ±ã½æ¥¡ç%ã30å±§ã ²åˆ...å'¹é¢'é'ï¼ŒåŒæ-ãå
¼è'%åšå'¢ãˆ§¶é€'ãˆè'°ã'¿%ˆ‡ãç"ˆt㺽'åŠ'ã¤œæµªç®©é—'å'', " />
```

图 2-28

为解决乱码问题，先查看网页实际的编码格式。用谷歌浏览器打开新浪网首页，按〈F12〉键打开开发者工具，展开位于网页源代码开头部分的 <head> 标签（该标签主要用于存储编码格式、网页标题等信息），如图 2-29 所示。该标签下的 <meta> 标签中的参数 charset 对应的就是网页实际的编码格式，可以看到新浪网首页的实际编码格式为 UTF-8。

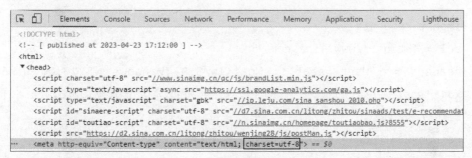

图 2-29

接着利用响应对象的 encoding 属性查看 Python 获得的网页源代码的编码格式，演示代码如下：

```
1    import requests
2    url = 'https://www.sina.com.cn/'
3    headers = {'User-Agent': 'Mozilla/5.0 (Windows NT 10.0; Win64;
     x64) AppleWebKit/537.36 (KHTML, like Gecko) Chrome/102.0.0.0 Safa-
     ri/537.36'}
4    response = requests.get(url=url, headers=headers)
```

```
5   print(response.encoding)
```

代码运行结果如下：

```
1   ISO-8859-1
```

可以看到，Python 获得的网页源代码的编码格式为 ISO-8859-1，而网页的实际编码格式为 UTF-8，两者不一致。UTF-8 和 ISO-8859-1 都是文本的编码格式，前者支持中文字符，而后者属于单字节编码，适用于英文字符，无法正确显示中文字符。这就是 Python 获得的网页源代码里中文字符显示为乱码的原因。

要解决乱码问题，可以通过为响应对象的 encoding 属性赋值来指定正确的编码格式。演示代码如下：

```
1   import requests
2   url = 'https://www.sina.com.cn/'
3   headers = {'User-Agent': 'Mozilla/5.0 (Windows NT 10.0; Win64;
    x64) AppleWebKit/537.36 (KHTML, like Gecko) Chrome/102.0.0.0 Safa-
    ri/537.36'}
4   response = requests.get(url=url, headers=headers)
5   response.encoding = 'utf-8'
6   result = response.text
7   print(result)
```

前面在开发者工具中看到网页的实际编码格式为 UTF-8，所以第 5 行代码将响应对象的 encoding 属性赋值为 'utf-8'。除了 UTF-8，中文网页常见的编码格式还有 GB2312 和 GBK（前者是后者的子集）。对于使用这两种编码格式的网页，可将第 5 行代码中的 'utf-8' 修改为 'gbk'。

除了利用开发者工具查看网页的实际编码格式，还可以通过调用响应对象的 apparent_encoding 属性，让 Requests 模块根据网页内容自动推测编码格式，再将推测结果赋给响应对象的 encoding 属性，即将第 5 行代码修改为如下代码：

```
1    response.encoding = response.apparent_encoding
```

代码运行结果如图 2-30 所示，可以看到已经成功地解决了乱码问题。

```
<head>
    <meta http-equiv="Content-type" content="text/html; charset=utf-8" />
    <meta http-equiv="X-UA-Compatible" content="IE=edge" />
    <title>新浪网</title>
        <meta name="keywords" content="新浪,新浪网,SINA,sina,sina.com.cn,新浪首页,门户,资讯" />
        <meta name="description" content="新浪网为全球用户24小时提供全面及时的中文资讯,内容覆盖国
内外突发新闻事件、体坛赛事、娱乐时尚、产业资讯、实用信息等,设有新闻、体育、娱乐、财经、科技、房产、汽
车等30多个内容频道,同时开设博客、视频、论坛等自由互动交流空间。" />
```

图 2-30

2.2.2　获取动态网页的源代码

◎ 代码文件：实例文件 \ 02 \ 2.2 \ 开源中国博客源代码获取.ipynb

一般来说，在向下滚动网页的过程中，如果网页中会自动加载新的内容，但是地址栏中的网址不变，那么这个网页就是动态网页。用 get() 函数获取动态网页的源代码时，需要通过参数 params 携带动态参数。下面以开源中国博客频道（https://www.oschina.net/blog）为例讲解如何用开发者工具获取动态参数。

用谷歌浏览器打开目标网址，然后打开开发者工具。❶切换到 "Network" 选项卡，❷单击 "Fetch / XHR" 按钮，如果选项卡中没有内容，则按快捷键〈Ctrl+R〉刷新页面，❸随后会筛选出多个条目，如图 2-31 所示。

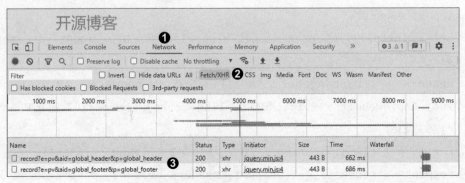

图 2-31

在窗口的上半部分向下滚动页面，加载出新的内容，❶开发者工具中原有条目下方也会出现新的条目，单击该条目，❷在右侧切换到"Headers"选项卡，❸找到"General"栏目，其中"Request URL"参数的值就是请求动态加载内容的网址，即 https://www.oschina.net/blog/widgets/_blog_index_recommend_list?classification=0&p=2&type=ajax，如图 2-32 所示。

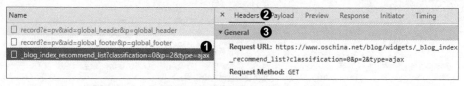

图 2-32

可将该网址按"?"号拆分成两部分：第 1 部分 https://www.oschina.net/blog/widgets/_blog_index_recommend_list 是请求动态加载内容的接口地址；第 2 部分 classification=0&p=2&type=ajax 则是动态参数，再按"&"号进行拆分，便可得到各个动态参数的名称和值。

此外，❶切换到"Headers"选项卡右侧的"Payload"选项卡，❷在"Query String Parameters"栏目下也能看到各个动态参数的名称和值，如图 2-33 所示。

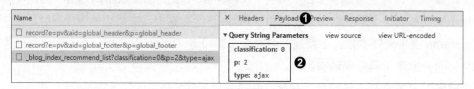

图 2-33

有了接口地址和动态参数，就可以用 get() 函数获取动态网页的源代码了，演示代码如下：

```
1   import requests
2   url = 'https://www.oschina.net/blog/widgets/_blog_index_recommend_
    list'
3   headers = {'User-Agent': 'Mozilla/5.0 (Windows NT 10.0; Win64;
    x64) AppleWebKit/537.36 (KHTML, like Gecko) Chrome/102.0.0.0 Safa-
    ri/537.36'}
4   params = {'classification': '0', 'p': '2', 'type': 'ajax'}
5   response = requests.get(url=url, headers=headers, params=params)
```

```
6    result = response.text
7    print(result)
```

第 2 行代码将请求的网址设置为前面获得的接口地址。

第 4 行代码将前面获得的动态参数存储为一个字典，字典的键为动态参数的名称，键对应的值为动态参数的值。

第 5 行代码将动态参数通过参数 params 传入 get() 函数。

运行上述代码，即可输出包含动态加载内容的网页源代码，如图 2-34 所示。

```
<div class="item blog-item" data-id="5536708">
    <div class="content">
        <a class="header" href="https://my.oschina.net/yunzhihui/blog/5536708" target="_blank"
            title="深度干货｜轻量级统计预测算法模型原理解析">
            深度干货｜轻量级统计预测算法模型原理解析
                                            <div class="ui teal label horizontal" data-too
ltip="原创">原</div>
                                            <div class="ui orange label horizontal" da
ta-tooltip="推荐">荐</div>
                                            </a>
```

图 2-34

至此，用 Requests 模块获取网页源代码的知识就讲解完毕了。但这只是完成了爬虫任务的第一步，这些源代码中通常只有部分内容是我们需要的数据，所以爬虫任务的第二步就是从网页源代码中提取数据。具体的方法有很多，2.3 节和 2.4 节将分别介绍常用的两种：正则表达式和 BeautifulSoup 模块。

2.3 正则表达式

如果包含数据的网页源代码文本具有一定的规律，那么可以使用正则表达式对字符串进行匹配，从而提取出需要的数据。

2.3.1 正则表达式基础知识

 ◎ 代码文件：实例文件 \ 02 \ 2.3 \ 正则表达式基础知识.ipynb

正则表达式由一些特定的字符组成，这些字符分为普通字符和元字符两种基本类型。

普通字符是指仅能描述其自身的字符，因而只能匹配与其自身相同的字符。普通字符包含字母（包括大写字母和小写字母）、汉字、数字、部分标点符号等。

元字符是指一些专用字符，它们不像普通字符那样按照其自身进行匹配，而是具有特殊的含义。常用的元字符见表 2-1。

表 2-1

元字符	含义
\w	匹配数字、字母、下划线、汉字
\W	匹配除数字、字母、下划线、汉字之外的任意字符
\s	匹配任意空白字符
\S	匹配除空白字符之外的任意字符
\d	匹配数字
\D	匹配非数字
.	匹配任意字符（换行符 "\r" 和 "\n" 除外）
^	匹配字符串的开始位置
$	匹配字符串的结束位置
*	匹配该元字符的前一个字符任意次数（包括 0 次）
?	匹配该元字符的前一个字符 0 次或 1 次
\	转义字符，可使其后的一个元字符失去特殊含义，匹配字符本身
( )	( ) 中的表达式称为一个组，组匹配到的字符能被取出
[]	规定一个字符集，字符集范围内的所有字符都能被匹配到
|	将匹配条件进行"逻辑或"运算

编写正则表达式就是将普通字符和元字符组合成一定的规则。按照这个规则在网页源代码中进行匹配，就能提取出符合要求的字符串。Python 内置了用于处理正则表达式的 re 模块。下面通过两个简单的实例讲解如何用正则表达式从字符串中提取信息。

1. "\s" 和 "\S" 的用法

演示代码如下：

```
1   import re
2   text = '123Qwe!_@#你我他\t \n\r'
3   result1 = re.findall('\s', text)
4   result2 = re.findall('\S', text)
5   print(result1)
6   print(result2)
```

第 1 行代码导入 re 模块。

第 2 行代码将一个字符串赋给变量 text。

第 3、4 行代码用 re 模块中的 findall() 函数从字符串 text 中提取信息，2.3.2 节将详细介绍该函数的用法。第 3 行代码用于在字符串 text 中匹配所有空白字符，如空格、换行符（\r 和 \n）、制表符（\t）。第 4 行代码用于在字符串 text 中匹配所有非空白字符。

代码运行结果如下：

```
1   ['\t', ' ', '\n', '\r']
2   ['1', '2', '3', 'Q', 'w', 'e', '!', '_', '@', '#', '你', '我', '他']
```

2. "." "?" "*" 的用法

演示代码如下：

```
1   import re
2   text = 'abcaaabb'
3   result1 = re.findall('a.b', text)
4   result2 = re.findall('a?b', text)
5   result3 = re.findall('a*b', text)
6   result4 = re.findall('a.*b', text)
7   result5 = re.findall('a.*?b', text)
8   print(result1)
```

```
9   print(result2)
10  print(result3)
11  print(result4)
12  print(result5)
```

"."用于匹配除了换行符以外的任意字符，"*"用于匹配 0 个或多个字符，"."和"*"组合后的匹配规则".*"称为贪婪匹配。之所以叫贪婪匹配，是因为它会匹配到过多的内容。如果再加上"?"，构成".*?"，就变成了非贪婪匹配，能较精确地匹配到想要的内容。2.3.2节将详细介绍非贪婪匹配。

代码运行结果如下：

```
1   ['aab']
2   ['ab', 'ab', 'b']
3   ['ab', 'aaab', 'b']
4   ['abcaaabb']
5   ['ab', 'aaab']
```

2.3.2　使用正则表达式提取数据

◎ 代码文件：实例文件 \ 02 \ 2.3 \ 使用正则表达式提取数据.ipynb

学会了正则表达式的编写方法，就可以利用 re 模块在网页源代码中提取数据了。本节主要介绍 re 模块中的 findall() 函数，它能返回匹配正则表达式的所有字符串。

在编写正则表达式前，需要先了解一些非贪婪匹配的知识。2.3.1 节已经使用".*?"形式的非贪婪匹配对数据进行了简单的提取，其实还有一种非贪婪匹配形式是"(.*?)"。下面详细介绍这两种匹配方式的用法。

".*?"用于代替两个文本之间的所有内容，其语法格式如下：

```
文本A.*?文本B
```

之所以使用 ".*?"，是因为两个文本之间的内容经常变动或没有规律，无法写到匹配规则里，或者两个文本之间的内容较多，我们不想写到匹配规则里。

"(.*?)" 用于提取两个文本之间的内容，其语法格式如下：

文本A(.*?)文本B

结合使用 findall() 函数、".*?" 和 "(.*?)" 提取文本的演示代码如下：

```
1    import re
2    source = '<h2>文本A<变化的网址>文本B新闻标题</h2>'
3    p_title = '<h2>文本A.*?文本B(.*?)</h2>'
4    title = re.findall(p_title, source)
5    print(title)
```

第 2 行代码给出要提取文本的字符串。

第 3 行代码使用非贪婪匹配 ".*?" 和 "(.*?)" 编写了一个正则表达式作为匹配规则。文本 A 和文本 B 之间为变化的网址，用 ".*?" 代表。需要提取的是文本 B 和 </h2> 之间的内容，用 "(.*?)" 代表。

第 4 行代码使用 findall() 函数根据第 3 行代码中的正则表达式，在第 2 行代码给出的字符串中进行文本匹配和提取。

代码运行结果如下：

```
1    ['新闻标题']
```

下面编写一个简单的爬虫程序，从博客园首页（https://www.cnblogs.com）爬取热门博客标题。先用 Requests 模块获取网页源代码，演示代码如下：

```
1    import requests
2    url = 'https://www.cnblogs.com'
3    headers = {'User-Agent': 'Mozilla/5.0 (Windows NT 10.0; Win64;
```

```
x64) AppleWebKit/537.36 (KHTML, like Gecko) Chrome/102.0.0.0 Safa-
ri/537.36'}
4    response = requests.get(url=url, headers=headers)
5    result = response.text
6    print(result)
```

运行以上代码后，可得到如图 2-35 所示的网页源代码。

```
<html lang="zh-cn">
<head>
    <meta charset="utf-8" />
    <meta name="viewport" content="width=device-width, initial-scale=1" />
    <meta name="referrer" content="always" />
    <meta http-equiv="X-UA-Compatible" content="IE=edge" />
    <title>博客园 - 开发者的网上家园</title>
        <meta name="keywords" content="开发者,程序员,博客园,程序猿,程序媛,极客,码农,编程,代码,软件开发,
开源,IT网站,技术社区,Developer,Programmer,Coder,Geek,Coding,Code" />
```

图 2-35

然后编写正则表达式，从网页源代码中提取热门博客的标题。要编写出正确的正则表达式，需要观察包含目标数据的网页源代码，找出其规律。利用开发者工具可以便捷地完成这项任务。

用谷歌浏览器打开博客园首页，然后打开开发者工具，用元素选择工具定位首页中的任意一条热门博客标题，查看该标题的网页源代码，如图 2-36 所示。

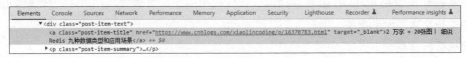

图 2-36

用相同方法定位其他热门博客标题的网页源代码，如图 2-37 所示。

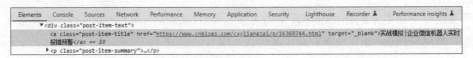

图 2-37

经过对比和总结，可以发现热门博客标题的网页源代码有如下规律：

```
<a class="post-item-title" href="网址" target="_blank">标题</a>
```

接着以 Requests 模块获取的网页源代码为依据，对规律进行核准，确认规律有效后，编写出用正则表达式提取博客标题的代码，具体如下：

```
1  import re
2  p_title = '<a class="post-item-title" href=".*?" target="_blank">
   (.*?)</a>'
3  title = re.findall(p_title, result, re.S)
4  print(title)
```

第 2 行代码是根据前面总结出的规律编写的正则表达式。其中 href 属性的值为变化的网址，用".*?"表示；要提取的是"target="_blank">"和"</a>"之间的内容，用"(.*?)"表示。

第 3 行代码使用 findall() 函数根据正则表达式在网页源代码中提取数据。因为"."默认不匹配换行符，而博客标题可能含有换行符，所以这里通过添加参数 re.S 来强制匹配换行符。

代码运行结果如图 2-38 所示。

['Blazor WebAssembly + Grpc Web = 未来？', 'ShardingSphere 异构迁移最佳实践：将3.5亿量级的顾客系统 RTO 减少60倍', '2022年Web前端开发流程和学习路线（详尽版）', ' C++函数模板', '2 万字 + 20张图｜ 细说 Redis 九种数据类型和应用场景', 'Zookeeper分布式锁实现Curator十一问', '喜提JDK的BUG一枚！多线程的情况下请谨慎使用这个类的stream遍历。', '覆盖率检查工具：JaCoCo 食用指南', '【Openxml】颜色变化属性计算', '基于SqlSugar的开发框架循序渐进介绍（7）-- 在文件上传模块中采用选项模式【Options】处理常规上传和FTP文件上传', '陈宏智：字节跳动自研万亿级图数据库ByteGraph及其应用与挑战', '动态线程池框架 DynamicTp v1.0.6版本发布。还在为Dubbo线程池耗尽烦恼吗？还在为Mq消费积压烦恼吗？', '多系统对接的适配与包装模式应用', 'LVGL库入门教程01-移植到STM32（触摸屏）', '『忘了再学』Shell基础 — 30. sed命令的使用', '上周热点回顾（6.6-6.12）', 'iOS全埋点解决方案-采集崩溃', '实战模拟｜企业微信机器人实时报错预警', '【主流技术】Mybatis Plus的理解与应用', '技术管理进阶—管理者可以使用哪些管理工具']

图 2-38

💬 **提示**

用开发者工具看到的网页源代码和用 Requests 模块获取的网页源代码有可能不一致，而数据的提取是在后者的基础上进行的，所以严格来说应该以后者为依据编写正则表达式。初学者要牢记这一点，因为有时虽然差别很小（如只差一个空格），也会导致编写出的正则表达式无法提取到所需数据。但是，用 Python 输出的网页源代码不便于查看，因此，通常先用开发者工具寻找规律，再到 Python 输出的网页源代码中进行核准。

需要注意的是，如果网站改版，网页源代码可能会改变，正则表达式也需要做相应的修改。因此，读者要力求真正理解和掌握正则表达式，这样才能在提取数据时做到随机应变。

2.4 BeautifulSoup 模块

◎ 素材文件：实例文件 \ 02 \ 2.4 \ test1.html
◎ 代码文件：实例文件 \ 02 \ 2.4 \ BeautifulSoup模块.ipynb

前面讲过，网页源代码是由层层嵌套的 HTML 标签组成的。BeautifulSoup 模块能解析这个嵌套结构，在其中定位标签，并提取出标签中的数据。该模块的安装命令为 "pip install beautifulsoup4"。

2.4.1 加载网页源代码

BeautifulSoup 模块可以从字符串或本地 HTML 文档中加载网页源代码。这里用本节素材文件中的 HTML 文档 "test1.html" 进行演示，该文档的内容如下：

```html
1    <html lang="zh-CN">
2    <head>
3        <meta charset="utf-8">
4        <title>BeautifulSoup模块示例</title>
5    </head>
6    <body>
7    <div class="news" id="group1">
8        <h2 class="title">时事新闻</h2>
9        <ul>
10           <li class="one" id="No1">
11               <a href="https://www.test.com/1-1.html">新闻标题1-1</a>
12           </li>
13           <li class="two" id="No2">新闻标题1-2</li>
14       </ul>
15   </div>
```

```
16  <div class="news" id="group2">
17      <h2 class="title">娱乐新闻</h2>
18      <ul>
19          <li class="one" id="No3">
20              <a href="https://www.test.com/2-1.html">新闻标题2-1</a>
21          </li>
22          <li class="two" id="No4">新闻标题2-2</li>
23      </ul>
24  </div>
25  </body>
26  </html>
```

导入 BeautifulSoup 模块并加载本地 HTML 文档的演示代码如下：

```
1  from bs4 import BeautifulSoup
2  file = open('test1.html', encoding='utf-8')
3  soup = BeautifulSoup(file, 'lxml')
```

第 1 行代码是导入 BeautifulSoup 模块的固定写法。第 2 行代码用于打开指定的 HTML 文档。第 3 行代码用 BeautifulSoup 模块加载文档内容并进行结构解析。

2.4.2 用 CSS 选择器定位标签

使用 BeautifulSoup 模块中的 select() 函数可以通过 CSS 选择器定位标签。CSS 选择器是按照特定的语法格式编写的网页标签定位规则，它能根据标签名、属性和层级来定位标签。

1. 标签名定位

标签名定位就是使用 div、p、a 等标签名来定位标签，相应代码如下：

```
1  tags1 = soup.select('h2')
```

```
2    print(tags1)
```

第 1 行代码表示定位所有 <h2> 标签，代码运行结果如下。可以看到，select() 函数以列表的形式返回定位到的所有标签。

```
1    [<h2 class="title">时事新闻</h2>, <h2 class="title">娱乐新闻</h2>]
```

2．属性定位

属性定位是指根据标签的属性值来定位。最常用的是 class 属性值和 id 属性值，相应代码如下：

```
1    tags2 = soup.select('.two')
2    print(tags2)
3    tags3 = soup.select('#No1')
4    print(tags3)
```

在第 1 行代码中，'.two' 中的 "."代表 class 属性，"."后的内容为 class 属性值，因此，这行代码表示定位所有 class 属性值为"two"的标签。

在第 3 行代码中，'#No1' 中的 "#"代表 id 属性，"#"后的内容为 id 属性值，因此，这行代码表示定位所有 id 属性值为"No1"的标签。

代码运行结果如下：

```
1    [<li class="two" id="No2">新闻标题1-2</li>, <li class="two" id=
     "No4">新闻标题2-2</li>]
2    [<li class="one" id="No1">
     <a href="https://www.test.com/1-1.html">新闻标题1-1</a>
     </li>]
```

属性定位更通用的写法是"[属性名 = 属性值]"，因此，上述第 1、3 行代码也可以修改成如下形式：

```
1  tags2 = soup.select('[class="two"]')
2  tags3 = soup.select('[id="No1"]')
```

3. 层级定位

层级定位是指按照标签的层级嵌套关系给出定位的路径，相应代码如下：

```
1  tags4 = soup.select('div > ul > li > a')
2  print(tags4)
3  tags5 = soup.select('div a')
4  print(tags5)
5  tags6 = soup.select('div#group1 a')
6  print(tags6)
```

第 1 行代码表示从外向内依次定位 \<div\> 标签、\<ul\> 标签、\<li\> 标签、\<a\> 标签，各层级标签之间用"＞"号分隔，表示下一级标签必须直接从属于上一级标签，中间不能有其他层级的标签。

第 3 行代码表示从外向内依次定位 \<div\> 标签和 \<a\> 标签，各层级标签之间用空格分隔，表示下一级标签不必直接从属于上一级标签，中间可以有其他层级的标签。

第 5 行代码在层级定位中结合使用标签名定位和属性定位，表示在 id 属性值为"group1"的 \<div\> 标签下定位所有直接或间接从属的 \<a\> 标签。

代码运行结果如下：

```
1  [<a href="https://www.test.com/1-1.html">新闻标题1-1</a>, <a href=
   "https://www.test.com/2-1.html">新闻标题2-1</a>]
2  [<a href="https://www.test.com/1-1.html">新闻标题1-1</a>, <a href=
   "https://www.test.com/2-1.html">新闻标题2-1</a>]
3  [<a href="https://www.test.com/1-1.html">新闻标题1-1</a>]
```

2.4.3　从标签中提取数据

定位到标签后，就可以从标签中提取文本内容和属性值了。以前面定位到的 tags6 中的标签为例进行提取，相应代码如下：

```
1    print(tags6[0].get_text())
2    print(tags6[0].get('href'))
```

第 1 行代码用 get_text() 函数提取标签的文本内容，第 2 行代码用 get() 函数提取标签的 href 属性值。需要注意的是，select() 函数的返回值是列表，尽管 tags6 中只有一个标签，也要用 tags6[0] 来提取。

代码运行结果如下：

```
1    新闻标题1-1
2    https://www.test.com/1-1.html
```

至此，BeautifulSoup 模块的基本用法就讲解完毕了。在实践中可根据网页源代码的具体情况灵活选用正则表达式或 BeautifulSoup 模块来提取数据。

2.5　Selenium 模块

Selenium 模块是一个自动化测试工具，能够驱动浏览器模拟人的操作，如用鼠标单击按钮或链接、用键盘输入文字等。它还能帮助我们比较轻松地获取网页源代码，尤其是动态网页的源代码。

2.5.1　下载和安装浏览器驱动程序

使用 Selenium 模块前，需先用命令"pip install selenium"安装模块，然后下载和安装浏览器驱动程序。浏览器驱动程序的作用是为 Selenium 模块提供一个模拟浏览器去访问网页，然后 Selenium 模块才能获取网页源代码。

1. 查看谷歌浏览器的版本号

不同的浏览器有不同的驱动程序，谷歌浏览器的驱动程序叫 ChromeDriver，火狐浏览器的驱动程序叫 GeckoDriver，等等。并且对于同一种浏览器，还需要安装与其版本号匹配的驱动程序。因此，在下载驱动程序之前，需要先查看浏览器的版本号。

以谷歌浏览器为例，在地址栏中输入 "chrome://version"，按〈Enter〉键，在打开的页面中即可看到浏览器的版本号，如图 2-39 中的 "102.0.5005.63"。

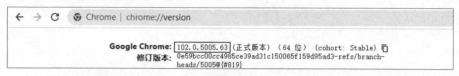

图 2-39

2. 下载 ChromeDriver

用浏览器打开 ChromeDriver 的官方下载页面（https://chromedriver.storage.googleapis.com/index.html），可看到多个版本号的文件夹。单击与前面查到的版本号最接近的文件夹，如 "102.0.5005.61"，如图 2-40 所示。在打开的页面中根据当前操作系统下载对应的安装包。例如，Windows 系统就下载 "chromedriver_win32.zip" 文件，如图 2-41 所示。

Name	Last modified	Size
101.0.4951.15	-	
101.0.4951.41	-	
102.0.5005.27	-	
102.0.5005.61	-	
103.0.5060.134	-	
103.0.5060.24	-	

图 2-40

Name	Last modified
Parent Directory	
chromedriver_linux64.zip	2022-05-25 09:48:06
chromedriver_mac64.zip	2022-05-25 09:48:09
chromedriver_mac64_m1.zip	2022-05-25 09:48:12
chromedriver_win32.zip	2022-05-25 09:48:14
notes.txt	2022-05-25 09:48:20

图 2-41

 技巧

ChromeDriver 的镜像网站为 https://npmmirror.com/mirrors/chromedriver/。

3. 安装 ChromeDriver

ChromeDriver 的安装包是一个压缩包，下载后需要解压缩。以 Windows 系统为例，安装包解压缩后会得到一个可执行文件"chromedriver.exe"，它就是浏览器驱动程序。为了更方便地调用驱动程序，需要将这个可执行文件复制到 Python 的安装路径中。

按快捷键（■+R）打开"运行"对话框，输入"cmd"后按〈Enter〉键，打开命令行窗口。输入命令"where python"后按〈Enter〉键，即可看到 Python 的安装路径，如图 2-42 所示。在 Windows 资源管理器中打开这个安装路径，进入文件夹"Scripts"，将可执行文件"chromedriver.exe"复制到该文件夹中，如图 2-43 所示。这样就完成了驱动程序的安装。

```
C:\Windows\System32\cmd.exe

Microsoft Windows [版本 10.0.19043.1348]
(c) Microsoft Corporation。保留所有权利。

C:\Users\HSJ> where python
C:\Users\HSJ\Anaconda3\python.exe
```

此电脑 › 本地磁盘 (C:) › 用户 › HSJ › Anaconda3 › Scripts		
名称	修改日期	类型
cfadmin.exe	2021/1/15 18:04	应用程序
cfadmin-script.py	2021/2/20 0:25	PY 文件
chardetect.exe	2020/10/26 23:42	应用程序
chardetect-script.py	2020/12/12 1:16	PY 文件
chromedriver.exe	2022/5/18 0:13	应用程序
clear_comtypes_cache.py	2021/4/25 1:55	PY 文件
conda.exe	2021/6/30 13:24	应用程序

图 2-42　　　　　　　　　　　　　　　　　　图 2-43

在命令行窗口中输入"chromedriver"后按〈Enter〉键，如果显示类似图 2-44 所示的信息，就说明 ChromeDriver 安装成功了。

```
C:\Windows\System32\cmd.exe

C:\Users\HSJ> chromedriver
Starting ChromeDriver 102.0.5005.61 (0e59bcc00cc4985ce39ad31c150065f159d95ad3-refs/
branch-heads/5005@{#819}) on port 9515
Only local connections are allowed.
Please see https://chromedriver.chromium.org/security-considerations for suggestions
on keeping ChromeDriver safe.
ChromeDriver was started successfully.
```

图 2-44

2.5.2　访问网页并获取源代码

 ◎ 代码文件：实例文件 \ 02 \ 2.5 \ 用Selenium模块访问网页并获取源代码.ipynb

安装好 Selenium 模块及对应的浏览器驱动程序后，就可以使用 Selenium 模块访问网页了。演示代码如下：

```
1   from selenium import webdriver
2   browser = webdriver.Chrome()
3   browser.get('https://www.bilibili.com/v/popular/rank/animal')
```

第 1 行代码导入 Selenium 模块中的 webdriver 功能。第 2 行代码声明要模拟的浏览器是谷歌浏览器。第 3 行代码通过 get() 函数控制模拟浏览器访问指定的网址。

运行以上代码，会打开一个模拟浏览器窗口并自动访问哔哩哔哩排行榜的"动物圈"页面，同时窗口中会显示提示信息，说明浏览器正受到自动测试软件的控制，如图 2-45 所示。

图 2-45

使用 Selenium 模块的主要目的之一就是以较简单的方式获取网页源代码，相应代码如下：

```
1   data = browser.page_source
2   print(data)
```

获得所需的网页源代码后，可以关闭模拟浏览器窗口，相应代码如下：

```
1   browser.quit()
```

将上述代码整合在一起，得到用 Selenium 模块获取网页源代码的完整代码如下：

```
1   from selenium import webdriver
```

```
2   browser = webdriver.Chrome()
3   browser.get('https://www.bilibili.com/v/popular/rank/animal')
4   data = browser.page_source
5   print(data)
6   browser.quit()
```

运行上述代码后，在输出的网页源代码中可以看到页面中的视频信息，说明网页源代码获取成功，如图 2-46 所示。

```
ater van-watchlater black"><span class="wl-tips" style="display:none;"></span></div>
</div> <div class="info"><a href="//www.bilibili.com/video/BV1Kk4y1Y7eF" target="_bl
ank" class="title">河边捡到一条小黑鱼，带回家养了两个月，现在怎么样了？</a> <div class="d
etail"><a target="_blank" href="//space.bilibili.com/107278647"><span class="data-bo
x up-name"><img src="//s1.hdslb.com/bfs/static/jinkela/popular/assets/icon_up.png" a
lt="up">
```

图 2-46

💬 技巧

如果希望使用 Selenium 模块访问网页时不弹出浏览器窗口，以免干扰正在进行的其他操作，可以启用无界面浏览器模式，让模拟浏览器在后台运行。具体方法是将如下这行代码：

```
1   browser = webdriver.Chrome()
```

替换为如下这 3 行代码：

```
1   chrome_options = webdriver.ChromeOptions()
2   chrome_options.add_argument('--headless')
3   browser = webdriver.Chrome(options=chrome_options)
```

通常先在有界面浏览器模式下将所有代码编写和调试完毕，再启用无界面浏览器模式，投入实际应用。原因是无界面浏览器模式不利于观察网页的加载过程。例如，有的网页加载时间较长，那么在代码中访问这类网页后，需要暂停一定时间，待网页加载完毕再获取源代码。而在无界面浏览器模式下观察不到网页的加载过程，也就无法在代码中做出相应的调整。

2.5.3　模拟鼠标和键盘操作

◎ 代码文件：实例文件 \ 02 \ 2.5 \ 用Selenium模块模拟鼠标和键盘操作.ipynb

Selenium 模块还可以在浏览器中模拟鼠标和键盘操作。本节将使用该模块在今日头条首页（https://www.toutiao.com/）的搜索框中输入"美食"，然后单击"搜索"按钮进行搜索。要对网页元素进行操作，需要先定位元素，常用的方法有 XPath 法和 CSS 选择器法。

1. XPath 法

XPath 是一种基于树结构的查询语言，可以通过类似文件路径的表达式来定位网页元素。用 XPath 定位网页元素的语法格式如下：

```
browser.find_element(By.XPATH, 'XPath表达式')
```

网页元素的 XPath 表达式可以按照一定的语法规则编写出来，也可以利用开发者工具获取。这里介绍后一种方法：在谷歌浏览器中打开今日头条首页，打开开发者工具，❶单击元素选择工具按钮，❷选中搜索框，❸然后在搜索框对应的那一行源代码上单击鼠标右键，❹在弹出的快捷菜单中执行"Copy > Copy XPath"命令，如图 2-47 所示。搜索框的 XPath 表达式就会被复制到剪贴板中，接下来就可以把复制的表达式粘贴到代码中使用。

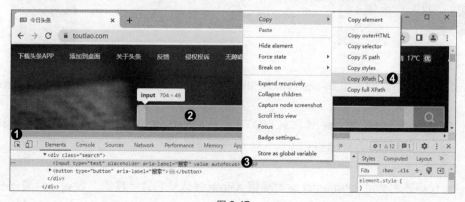

图 2-47

这里获得的搜索框的 XPath 表达式是"//*[@id="root"]/div/div[4]/div/div[1]/input"，由此编写出在搜索框中自动输入内容的代码如下：

```
1    import time
2    from selenium import webdriver
3    from selenium.webdriver.common.by import By
4    browser = webdriver.Chrome()
5    browser.get('https://www.toutiao.com/')
6    time.sleep(1)
7    browser.find_element(By.XPATH, '//*[@id="root"]/div/div[4]/div/
     div[1]/input').send_keys('美食')
```

第 7 行代码先用 find_element() 函数根据 XPath 表达式定位搜索框，再用 send_keys() 函数模拟在搜索框中输入指定内容的操作。运行代码之后便会自动用模拟浏览器打开今日头条首页，并在搜索框中输入"美食"，如图 2-48 所示。

图 2-48

用相同的方法获得"搜索"按钮的 XPath 表达式，编写出模拟单击该按钮的代码如下：

```
1    browser.find_element(By.XPATH, '//*[@id="root"]/div/div[4]/div/
     div[1]/button').click()
```

这行代码先用 find_element() 函数根据 XPath 表达式定位"搜索"按钮，再用 click() 函数模拟鼠标单击按钮的操作。

运行以上代码，会在模拟浏览器窗口的页面中自动单击"搜索"按钮进行搜索，结果如图 2-49 所示。

图 2-49

2. CSS 选择器法

用 CSS 选择器定位网页元素的语法格式如下：

```
browser.find_element(By.CSS_SELECTOR, 'CSS选择器')
```

与 XPath 表达式类似，CSS 选择器既可以按照一定的语法规则编写（编写方法在 2.4.2 节介绍过），也可以利用开发者工具获取。这里介绍后一种方法：❶在开发者工具中网页元素对应的源代码上单击鼠标右键，❷然后执行 "Copy > Copy selector" 命令，如图 2-50 所示，即可将该网页元素的 CSS 选择器复制到剪贴板。

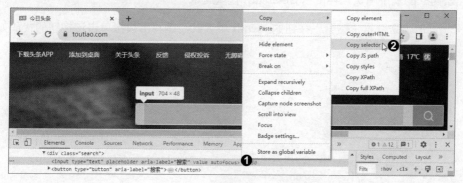

图 2-50

用上述方法获得今日头条首页的搜索框和"搜索"按钮的 CSS 选择器后，编写出定位网页元素并模拟鼠标和键盘操作的完整代码如下：

```python
import time
from selenium import webdriver
from selenium.webdriver.common.by import By
browser = webdriver.Chrome()
browser.get('https://www.toutiao.com/')
time.sleep(1)
browser.find_element(By.CSS_SELECTOR, '#root > div > div.search-container > div > div.search > input[type=text]').send_keys('美食')
browser.find_element(By.CSS_SELECTOR, '#root > div > div.search-container > div > div.search > button').click()
```

XPath 法和 CSS 选择器法在本质上是一样的，有时使用其中一种方法会失败，换成另一种方法就有效，所以建议读者两种方法都要掌握。

至此，Selenium 模块的核心知识就讲解完毕了。与 Requests 模块相比，Selenium 模块的优势很明显，不用设置 headers、params 等参数就能获取网页源代码，还能模拟键盘和鼠标操作，代码的写法也很简洁。但是，Selenium 模块需要打开模拟浏览器访问网页，其爬取速度就比 Requests 模块慢得多。因此，通常优先考虑使用 Requests 模块，对于 Requests 模块无法爬取的复杂网页，再使用 Selenium 模块爬取。

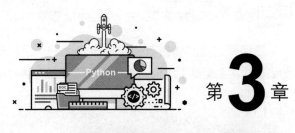

第**3**章

追踪热点信息

结合热点事件创作的短视频，往往能获得更高的平台推荐权重，从而从海量作品中脱颖而出，获得更高的播放量。因此，借势热点是短视频创作和营销中最为常见的手段，寻找热点则是短视频创作者和运营者必备的技能之一。

本章将通过编写 Python 代码，分别从中国新闻网、百度热搜、新浪微博爬取实时新闻、热搜榜、热门话题，为短视频的构思和创作提供热点舆情的基础数据。

3.1 爬取中国新闻网的实时新闻

◎ 代码文件：实例文件＼03＼3.1＼爬取中国新闻网的实时新闻.ipynb

　　新闻网站是舆情热点的重要来源之一。中国新闻网（https://www.chinanews.com.cn/）的页面效果如图 3-1 所示，本节要爬取页面右侧的实时新闻标题和链接。

图 3-1

3.1.1 用 Requests 模块获取网页源代码

　　先用 Requests 模块中的 get() 函数获取网页源代码，相应代码如下：

```
1  import requests
2  url = 'https://www.chinanews.com.cn/'
3  headers = {'User-Agent': 'Mozilla/5.0 (Windows NT 10.0; Win64; x64)
   AppleWebKit/537.36 (KHTML, like Gecko) Chrome/102.0.0.0 Safari/537.36'}
4  response = requests.get(url=url, headers=headers)
5  response.encoding = 'utf-8'
6  code = response.text
7  print(code)
```

第 1 行代码导入 Requests 模块。

第 2 行代码指定要访问的网址。

第 3 行代码用于设置用户代理。相关知识见 2.2 节，这里不再赘述。

第 4 行代码使用 Requests 模块中的 get() 函数对指定的网址发起请求，得到服务器返回的响应对象。

第 5 行代码将响应对象的 encoding 属性赋值为 'utf-8'，即将编码格式设置为网页的实际编码格式 UTF-8。相关知识见 2.2 节，这里不再赘述。

第 6 行代码通过响应对象的 text 属性获取网页源代码。

第 7 行代码使用 print() 函数输出获得的网页源代码。

运行以上代码后，浏览输出的网页源代码，可以看到其中包含要爬取的新闻数据，说明网页源代码获取成功，部分数据如图 3-2 所示。

```
<div class="module_topcon_ul"><div class="bold multi"><a href="https://www.chinanews.com.cn/sh/2022/06-07/977325
8.shtml" class="zw" data-did="9773258" data-doctype="zw" target="_blank">2022年全国高考开考</a><a href="https://ww
w.chinanews.com.cn/sh/2022/06-07/9773482.shtml" class="zw" data-did="9773482" data-doctype="zw" target="_blank">
新看点</a><a href="https://www.chinanews.com.cn/shipin/spfts/20220606/4119.shtml" class="ptv" data-did="4119" data
-doctype="splive" target="_blank">全力以赴护航</a></div><!----><div class="multi"><a href="https://www.chinanews.com.cn/
shipin/cns-d/2022/06-07/news928294.shtml" class="ptv" data-did="9773387" data-doctype="zw" target="_blank">全力以
赴，勇敢追梦！</a><a href="https://www.chinanews.com.cn/sh/2022/06-07/9773423.shtml" class="zw" data-did="9773423"
data-doctype="zw" target="_blank">直击疫情下北京高考试卷押运</a></div><!----><div class=""><a href="https://www.chi
nanews.com.cn/cj/2022/06-07/9773261.shtml" class="zw" data-did="9773261" data-doctype="zw" target="_blank">15省份
发布2021年平均工资，这些行业有"钱途"</a></div><!----><div class=""><a href="https://www.chinanews.com.cn/cj/2022/06-
07/9773496.shtml" class="zw" data-did="9773496" data-doctype="zw" target="_blank">官方发声，这些人可获得一次性临时救
助金</a></div><div class="line"></div><div class="bold multi"><a href="https://www.chinanews.com.cn/sh/2022/06-0
7/9773394.shtml" class="zw" data-did="9773394" data-doctype="zw" target="_blank">北京无新增本土确诊</a><a href="htt
```

图 3-2

3.1.2　用 BeautifulSoup 模块提取数据

网页源代码获取成功后，就可以从中提取数据了。先用 BeautifulSoup 模块解析网页源代码的结构，相应代码如下：

```
1   from bs4 import BeautifulSoup
2   soup = BeautifulSoup(code, 'lxml')
```

第 1 行代码导入 BeautifulSoup 模块。

第 2 行代码用 BeautifulSoup 模块加载获得的网页源代码并进行结构解析。

　　接着需要在网页源代码中定位包含新闻标题和链接的标签。为加快分析速度，这里利用开发者工具分析网页的结构。用谷歌浏览器打开中国新闻网的首页，并打开开发者工具。❶单击元素选择工具按钮，❷然后在页面中单击一条字体加粗的新闻，❸在"Elements"选项卡下可以看到这条新闻对应的源代码，如图 3-3 所示。这条新闻的标题和链接数据位于一个 <a> 标签中，该 <a> 标签直接从属于一个 class 属性值为"bold multi"的 <div> 标签。

图 3-3

　　继续用开发者工具分析一条字体未加粗的新闻，发现该新闻的标题和链接数据同样位于一个 <a> 标签中，该 <a> 标签直接从属于一个 class 属性值为空的 <div> 标签，如图 3-4 所示。

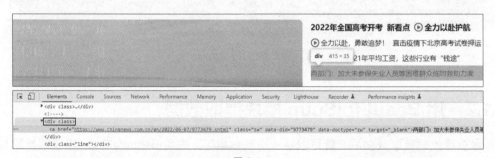

图 3-4

　　用相同的方法分析其他新闻，会发现相应的 <a> 标签从属于不同的 <div> 标签，并且这些 <div> 标签的属性值也不同，不存在一个可以一次性定位这些 <a> 标签的规律。此时可以更换思路，从上一级标签入手进行分析。

　　❶在"Elements"选项卡中将鼠标指针放在上一级标签上，可以看到它是一个 class 属性值为"module_topcon_ul"的 <div> 标签，❷此时页面右侧的所有新闻都被选中，说明它们都从属于该 <div> 标签，如图 3-5 所示。

图 3-5

　　根据 3.1.1 节中输出的网页源代码对以上规律进行核准，确认无误后，就可以用 select()
函数根据找到的规律定位包含所需新闻数据的标签，并从标签中提取数据。相应代码如下：

```
1   tags = soup.select('div.module_topcon_ul a')
2   all_news = []
3   for i in tags:
4       title = i.get_text().strip()
5       link = i.get('href')
6       news = {'标题': title, '链接': link}
7       print(news)
8       all_news.append(news)
```

　　第 1 行代码结合使用了属性定位、标签名定位和层级定位来选择所需的 <a> 标签，相关
知识参见 2.4 节。

　　第 2 行代码创建了一个空列表，用于汇总新闻数据。

　　第 3 行代码用 for 语句遍历标签列表 tags，从中依次取出 <a> 标签用于提取数据。

　　第 4 行代码先用 get_text() 函数从 <a> 标签中提取文本，即新闻的标题，再用 strip() 函

数去除文本首尾的空白字符。

第 5 行代码用 get() 函数从 \<a\> 标签中提取 href 属性的值，即新闻的链接。

第 6 行代码将单条新闻的标题和链接整合成一个字典。

第 7 行代码输出该字典的内容。

第 8 行代码用列表对象的 append() 函数将该字典添加到第 2 行代码创建的列表中。

运行以上代码，即可输出提取到的新闻标题和链接，如图 3-6 所示。

```
{'标题': '2022年全国高考开考', '链接': 'https://www.chinanews.com.cn/sh/2022/06-07/9773258.shtml'}
{'标题': '新看点', '链接': 'https://www.chinanews.com.cn/shipin/2022/06-07/9773482.shtml'}
{'标题': '全力以赴护航', '链接': 'https://www.chinanews.com.cn/shipin/spfts/20220606/4119.shtml'}
{'标题': '全力以赴，勇敢追梦！', '链接': '//www.chinanews.com.cn/shipin/cns-d/2022/06-07/news928294.shtml'}
{'标题': '直击疫情下北京高考试卷押运', '链接': 'https://www.chinanews.com.cn/sh/2022/06-07/9773423.shtml'}
{'标题': '15省份发布2021年平均工资,这些行业有"钱途"', '链接': 'https://www.chinanews.com.cn/cj/2022/06-07/9773261.shtml'}
{'标题': '两部门: 加大未参保失业人员等困难群众临时救助力度', '链接': 'https://www.chinanews.com.cn/cj/2022/06-07/9773496.shtml'}
{'标题': '北京无新增本土确诊', '链接': 'https://www.chinanews.com.cn/sh/2022/06-07/9773394.shtml'}
{'标题': '恢复堂食,城市烟火气霎浓', '链接': 'https://www.chinanews.com.cn/cj/2022/06-07/9773260.shtml'}
{'标题': '上海新增本土3+7', '链接': 'https://www.chinanews.com.cn/sh/2022/06-07/9773395.shtml'}
{'标题': '上海疫情反弹风险依然存在', '链接': 'https://www.chinanews.com.cn/gn/2022/06-07/9773185.shtml'}
{'标题': '31省份新增39+85', '链接': 'https://www.chinanews.com.cn/gn/2022/06-07/9773439.shtml'}
{'标题': '内蒙古新增本土确诊病例20例', '链接': 'https://www.chinanews.com.cn/gn/2022/06-07/9773441.shtml'}
{'标题': '战友回忆D2809殉职司机杨勇: 工作踏实 内敛不张扬', '链接': 'https://www.chinanews.com.cn/sh/2022/06-07/9773452.shtml'}
{'标题': '新漫评: 监狱当生意做, "人权灯塔"验红吗?', '链接': 'https://www.chinanews.com.cn/chuangyi/2022/06-07/9773475.shtml'}
{'标题': '约翰逊据过保守党党内不信任投票 继续担任英首相', '链接': 'https://www.chinanews.com.cn/gj/2022/06-07/9773376.shtml'}
{'标题': '触底反弹涨近200%,俄罗斯卢布为何能"惊天逆转"?', '链接': 'https://www.chinanews.com.cn/cj/2022/06-07/9773186.shtml'}
{'标题': '多国陆续更新调整防疫政策,海外同胞们要注意！', '链接': 'https://www.chinanews.com.cn/hr/2022/06-07/9773401.shtml'}
```

图 3-6

3.1.3　用 pandas 模块导出数据

成功提取数据后，还需要将数据保存起来。通常会将爬虫数据导出为 CSV 文件或 Excel
工作簿，或者保存到数据库中。这里用 pandas 模块将数据导出为 CSV 文件，相应代码如下：

```
1  import pandas as pd
2  df = pd.DataFrame(all_news)
3  df.to_csv('中新网实时新闻.csv', index=False, encoding='utf-8-sig')
```

第 1 行代码导入 pandas 模块并将其简写成 pd。pandas 模块是一个非常流行的数据处
理与分析模块，它的安装命令为 "pip install pandas"。

第 2 行代码将 3.1.2 节得到的列表 all_news 转换成 DataFrame 对象（pandas 模块中定
义的一种类似二维表格的数据结构）。

第 3 行代码用 DataFrame 对象的 to_csv() 函数将数据导出成 CSV 文件。第 1 个参数是

CSV 文件的路径，这里使用的是相对路径，表示将 CSV 文件保存在代码文件所在的文件夹下；参数 index 设置为 False，表示导出数据时忽略行标签；参数 encoding 用于设置 CSV 文件的编码格式，这里设置为 'utf-8-sig'，以避免在 Excel 中打开 CSV 文件时出现乱码。

运行以上代码后，会在代码文件所在文件夹下生成一个 CSV 文件"中新网实时新闻.csv"，用 Excel 打开该文件，效果如图 3-7 所示。

	A	B
1	标题	链接
2	2022年全国高考开考	https://www.chinanews.com.cn/sh/2022/06-07/9773258.shtml
3	新着点	https://www.chinanews.com.cn/sh/2022/06-07/9773482.shtml
4	全力以赴护航	https://www.chinanews.com.cn/shipin/spfts/20220606/4119.shtml
5	全力以赴，勇敢追梦！	//www.chinanews.com.cn/shipin/cns-d/2022/06-07/news928294.shtml
6	直击疫情下北京高考试卷押运	https://www.chinanews.com.cn/sh/2022/06-07/9773423.shtml
7	15省份发布2021年平均工资，这些行业有"钱途"	https://www.chinanews.com.cn/cj/2022/06-07/9773261.shtml
8	两部门：加大未参保失业人员等困难群众临时救助力度	https://www.chinanews.com.cn/cj/2022/06-07/9773496.shtml
9	北京无新增本土确诊	https://www.chinanews.com.cn/sh/2022/06-07/9773394.shtml
10	恢复堂食，城市烟火气霭浓	https://www.chinanews.com.cn/cj/2022/06-07/9773260.shtml
11	上海新增本土3+7	https://www.chinanews.com.cn/sh/2022/06-07/9773395.shtml
12	上海疫情反弹风险依然存在	https://www.chinanews.com.cn/gn/2022/06-06/9773185.shtml
13	31省份新增39+85	https://www.chinanews.com.cn/gn/2022/06-07/9773439.shtml
14	内蒙古新增本土确诊病例20例	https://www.chinanews.com.cn/gn/2022/06-07/9773441.shtml
15	战友回忆ZD2809殉职司机杨勇：工作踏实 内敛不张扬	https://www.chinanews.com.cn/sh/2022/06-07/9773452.shtml
16	新漫评：监狱当生意做，"人权灯塔"脸红吗？	https://www.chinanews.com.cn/chuangyi/2022/06-07/9773475.shtml
17	约翰逊挺过保守党党内不信任投票 继续担任英首相	https://www.chinanews.com.cn/gj/2022/06-07/9773376.shtml
18	触底反弹涨近200%，俄罗斯卢布为何能"惊天逆转"？	https://www.chinanews.com.cn/cj/2022/06-06/9773186.shtml
19	多国陆续更新调整防疫政策，海外同胞们要注意！	https://www.chinanews.com.cn/hr/2022/06-07/9773401.shtml

图 3-7

💬 技巧

在 Python 代码中读写文件时需要给出路径。路径分为绝对路径和相对路径：绝对路径是指以根文件夹为起点的完整路径，Windows 的路径以"C:\""D:\""E:\"等作为根文件夹，Linux 和 macOS 的路径则以"/"作为根文件夹；相对路径是指以当前工作目录（当前代码文件所在的文件夹）为起点的路径。

以 Windows 为例，假设当前代码文件位于文件夹"E:\new\03"下，该文件夹下还有一个文件"table.csv"，那么在代码文件中引用该文件时，可使用绝对路径"E:\new\03\table.csv"，也可使用相对路径"table.csv"。

Python 代码中的路径通常以字符串的形式给出。但是，Windows 路径的分隔符"\"在 Python 中有特殊含义（如"\n"表示换行，"\t"表示制表符，详见 1.3.2 节），会给路径的表达带来一些麻烦。因此，在 Python 代码中书写 Windows 路径字符串需要使用以下 3 种格式：

```
1    r'E:\new\03\table.csv'  # 为字符串加上前缀"r"
```

```
2    'E:\\new\\03\\table.csv'  # 用 "\\" 代替 "\"
3    'E:/new/03/table.csv'  # 用 "/" 代替 "\"
```

读者可以根据自己的习惯在这 3 种格式中任意选用一种，本书主要使用第 3 种格式。

爬取中国新闻网实时新闻的完整代码如下：

```
1    import requests
2    from bs4 import BeautifulSoup
3    import pandas as pd
4    url = 'https://www.chinanews.com.cn/'
5    headers = {'User-Agent': 'Mozilla/5.0 (Windows NT 10.0; Win64;
     x64) AppleWebKit/537.36 (KHTML, like Gecko) Chrome/102.0.0.0 Safa-
     ri/537.36'}
6    response = requests.get(url=url, headers=headers)
7    response.encoding = 'utf-8'
8    code = response.text
9    soup = BeautifulSoup(code, 'lxml')
10   tags = soup.select('div.module_topcon_ul a')
11   all_news = []
12   for i in tags:
13       title = i.get_text().strip()
14       link = i.get('href')
15       news = {'标题': title, '链接': link}
16       print(news)
17       all_news.append(news)
18   df = pd.DataFrame(all_news)
19   df.to_csv('中新网实时新闻.csv', index=False, encoding='utf-8-sig')
```

3.2　爬取百度热搜的热搜榜

 ◎ 代码文件：实例文件 \ 03 \ 3.2 \ 爬取百度热搜的热搜榜.ipynb

百度热搜（https://top.baidu.com/board?tab=realtime）以海量的真实搜索数据为基础，通过专业的数据挖掘方法计算关键词的热搜指数，建立了包含各类热门关键词的热搜榜。热搜榜汇集了最新的资讯和实时的新闻话题，是一个很好的舆情热点来源。本节将通过编写 Python 代码，爬取热搜榜中每条热搜的标题和热搜指数。

3.2.1　获取网页源代码并提取热搜榜数据

先用 Requests 模块获取网页源代码，相应代码如下：

```
1  import requests
2  url = 'https://top.baidu.com/board?tab=realtime'
3  headers = {'User-Agent': 'Mozilla/5.0 (Windows NT 10.0; Win64; x64)
   AppleWebKit/537.36 (KHTML, like Gecko) Chrome/102.0.0.0 Safari/537.36'}
4  response = requests.get(url=url, headers=headers)
5  code = response.text
6  print(code)
```

运行以上代码后，浏览输出的网页源代码，可以看到其中包含我们要爬取的热搜榜数据，如图 3-8 所示，说明网页源代码获取成功。

```
ot-index_1Bl1a"> 4910474 </div> <div class="text_1lUwZ"> 热搜指数 </div> </div> <img class="line_3-bzA" s
rc="//fyb-pc-static.cdn.bcebos.com/static/asset/line-bg@2x_95cb5a089159c6d5a959a596d460d60a.png"> <div cl
ass="content_1YWBm"> <a href="https://www.baidu.com/s?wd=%E7%A5%9E%E5%8D%81%E5%9B%9B%E6%88%90%E5%8A%9F%E
5%AF%B9%E6%8E%A5%E7%A9%BA%E9%97%B4%E7%AB%99&amp;rsv_dl=fyb_news" class="title_dIF3B " tar
get="_blank"> <div class="c-single-text-ellipsis"> 神舟十四成功对接空间站 </div> <div class="c-text hot-tag
_1G080"> </div> </a> <!--s-frag--> <div class="hot-desc_1m_jR small_Uvkd3 "> 神舟十四号载人飞船采用自主快
速交会对接模式，经过6次自主变轨，成功对接于天和核心舱径向端口。 <a href="https://www.baidu.com/s?wd=%E7%A5%9E%
E5%8D%81%E5%9B%9B%E6%88%90%E5%8A%9F%E5%AF%B9%E6%8E%A5%E7%A9%BA%E9%97%B4%E7%AB%99&amp;sa=fyb_news&amp;rsv_
dl=fyb_news" class="look-more_3oNWC" target="_blank">查看更多&gt;</a> </div> <div class="hot-desc_1m_jR l
arge_nSuFU "> 神舟十四号载人飞船采用自主快速交会对接模式，经过6次自主变轨，成功对接于天和核心舱径向端口。 <a href
="https://www.baidu.com/s?wd=%E7%A5%9E%E5%8D%81%E5%9B%9B%E6%88%90%E5%8A%9F%E5%AF%B9%E6%8E%A5%E7%A9%BA%E9%
```

图 3-8

然后使用 BeautifulSoup 模块解析网页源代码的结构并提取热搜的标题，相应代码如下：

```
from bs4 import BeautifulSoup
soup = BeautifulSoup(code, 'lxml')
titles = soup.select('.c-single-text-ellipsis')
list1 = []
for i in titles:
    title = i.get_text().strip().replace('#', '')
    list1.append(title)
print(list1)
```

第 1 行代码导入 BeautifulSoup 模块。

第 2 行代码用 BeautifulSoup 模块加载获得的网页源代码并进行结构解析。

第 3 行代码用 select() 函数定位 class 属性值为 "c-single-text-ellipsis" 的所有标签，以便从中提取标题。这个定位条件是用开发者工具获取的，下面介绍具体方法。

用谷歌浏览器打开百度热搜页面，并打开开发者工具。❶单击元素选择工具按钮，❷选中热搜榜中的一个标题，❸然后在 "Elements" 选项卡中观察标题对应的源代码，可以看到标题文本位于一个 class 属性值为 "c-single-text-ellipsis" 的 <div> 标签中，如图 3-9 所示。用相同的方法分析其他热搜榜标题，可以总结出同样的规律。以前面输出的网页源代码为依据对这个规律进行核准，确认无误后，就可以按照 2.4 节讲解的知识编写出这行代码。

图 3-9

第 4 行代码创建了一个空列表，用于汇总标题数据。

第 5～7 行代码用于从定位到的标签中提取所有标题，并将其添加到第 4 行代码创建的

空列表中。其中第 6 行代码先用 get_text() 函数从标签中提取文本（即标题），然后用 strip()
函数删除文本首尾的空白字符，再用 replace() 函数删除文本中可能会出现的无用字符"#"。

　　运行以上代码，可提取出热搜榜中的所有标题并保存在一个列表中，如图 3-10 所示。

['神十四成功对接空间站', '31省份昨日新增本土25+61', '明天全国高考', '神十四乘组进驻天和核心舱', '刘洋到达
后刷起了手机', '北京堂食重启', '高考"钉子户"梁实第26次备考', '2岁男童眼睛现4条寄生虫游动', '梅西五子登科',
'今日芒种', '去战吧我站你', '《一路向前》剧组2人落水溺亡', '中国女排不敌泰国队', '英国女王拄拐杖现身庆典最
后一天', '那些被嫌弃的新冠康复者', '河南大学脑出血去世女生堂姐发声', '美国12岁儿童持枪抢劫加油站', '买黄金
的年轻人们 支棱不起来了？', '女游客登龙舟被网暴 龙舟协会回应', '只因朋友没赶上车七旬老人4夺方向盘', '实拍菲
律宾布卢桑火山喷发', '核酸采样享数万一个 谁在挖商机？', 'D2809列车进站前监控曝光', '航天员妈妈流泪隔空向女
儿挥手', '日乒协规定赢中国前三单独加分', '中国邮政押运高考试卷 警车护航', '韩美联合发射8枚导弹回应朝鲜',
'是谁在缔造越南经济神话？', '"核酸小屋"不便民？网友吵翻了', '西南交大发文悼念D2809殉职司机', '威尔士1-0乌
克兰 晋级世界杯']

图 3-10

　　用相同的方法寻找热搜指数的源代码规律并提取数据，相应代码如下：

```
1   searches = soup.select('.hot-index_1Bl1a')
2   list2 = []
3   for j in searches:
4       search = j.get_text().strip()
5       list2.append(search)
6   print(list2)
```

　　上述代码的编写思路与前面相同，这里不再赘述。

　　运行以上代码，可提取出热搜榜中的所有热搜指数并保存在一个列表中，如图 3-11 所示。

['4910474', '4973171', '4853107', '4794236', '4650714', '4558256', '4497259', '4327292', '4228812',
'4123417', '4064342', '3914808', '3860255', '3764354', '3665211', '3504012', '3484874', '3361796',
'3224582', '3116324', '3002363', '2953308', '2829859', '2722127', '2644275', '2514810', '2491397',
'2363810', '2224777', '2142044', '2062493']

图 3-11

3.2.2　保存爬取的数据

　　获得所需的热搜榜数据后，还需要保存数据。这里使用 pandas 模块将数据导出为 CSV
文件，相应代码如下：

```
1  import pandas as pd
2  data_dict = {'标题': list1, '热搜指数': list2}
3  data_df = pd.DataFrame(data_dict)
4  data_df.to_csv('百度热搜榜.csv', index=False, encoding='utf-8-sig')
```

第 2 行代码构造了一个字典。字典的键为列名；字典的值为 3.2.1 节得到的列表，即列中的数据。

第 3 行代码将第 2 行代码构造的字典转换为 DataFrame。

第 4 行 代 码 用 to_csv() 函 数 将 Data-Frame 中的数据写入 CSV 文件。

运行以上代码后，会在代码文件所在文件夹下生成一个 CSV 文件"百度热搜榜.csv"，用 Excel 打开该文件，部分数据如图 3-12 所示。

	A	B
1	标题	热搜指数
2	神十四成功对接空间站	4910474
3	31省份昨日新增本土25+61	4973171
4	明天全国高考	4853107
5	神十四乘组进驻天和核心舱	4794236
6	刘洋到达后刷起了手机	4650714
7	北京堂食重启	4558256
8	高考"钉子户"梁实第26次备考	4497259
9	2岁男童眼睛现4条寄生虫游动	4327292
10	梅西五子登科	4228812
11	今日芒种	4123417
12	去战吧我站你	4064342
13	《一路向前》剧组2人落水溺亡	3914808
14	中国女排不敌泰国队	3860255

图 3-12

爬取百度热搜榜的完整代码如下：

```
1  import requests
2  from bs4 import BeautifulSoup
3  import pandas as pd
4  url = 'https://top.baidu.com/board?tab=realtime'
5  headers = {'User-Agent': 'Mozilla/5.0 (Windows NT 10.0; Win64;
   x64) AppleWebKit/537.36 (KHTML, like Gecko) Chrome/102.0.0.0 Safa-
   ri/537.36'}
6  response = requests.get(url=url, headers=headers)
7  code = response.text
8  soup = BeautifulSoup(code, 'lxml')
9  titles = soup.select('.c-single-text-ellipsis')
```

```
10  list1 = []
11  for i in titles:
12      title = i.get_text().strip().replace('#', '')
13      list1.append(title)
14  searches = soup.select('.hot-index_1Bl1a')
15  list2 = []
16  for j in searches:
17      search = j.get_text().strip()
18      list2.append(search)
19  data_dict = {'标题': list1, '热搜指数': list2}
20  data_df = pd.DataFrame(data_dict)
21  data_df.to_csv('百度热搜榜.csv', index=False, encoding='utf-8-sig')
```

3.3 爬取新浪微博热搜榜

◎ 代码文件：实例文件＼03＼3.3＼爬取新浪微博热搜榜.ipynb

新浪微博是目前用户活跃度较高的社交平台之一。该平台上的热门话题包含许多对短视频创作者和运营者而言具有很高参考价值的信息。本节将通过编写 Python 代码，爬取新浪微博热搜榜（https://s.weibo.com/top/summary?cate=realtimehot）中每一个条目的序号、关键词和热搜指数。

3.3.1 获取网页源代码并提取热搜榜数据

新浪微博设置了一定的反爬虫机制，有时需要登录才能查看内容。如果用 Requests 模块直接获取热搜榜的网页源代码，获取结果中有可能不包含我们需要的数据。这里提供解决问题的一种思路：用 Selenium 模块启动模拟浏览器，先访问新浪微博的首页，然后让程序暂停一定时间，用户在模拟浏览器中手动登录新浪微博，接着让模拟浏览器自动访问热搜榜页面，就能成功获取需要的网页源代码了。

先用 Selenium 模块启动模拟浏览器，访问新浪微博的首页，让用户手动登录，相应代码如下：

```
1   from selenium import webdriver
2   import time
3   url= 'https://weibo.com/'
4   browser = webdriver.Chrome()
5   browser.maximize_window()
6   browser.get(url)
7   time.sleep(30)
```

第 1 行代码导入 Selenium 模块中的 webdriver 功能。

第 2 行代码导入 Python 内置的 time 模块，后面要使用该模块中的函数让程序暂停执行。

第 4 行代码启动模拟浏览器。

第 5 行代码将模拟浏览器窗口最大化。

第 6 行代码用 get() 函数控制模拟浏览器访问新浪微博的首页。

第 7 行代码用 time 模块中的 sleep() 函数让程序暂停执行一段时间。函数括号内数值的单位是秒，所以这行代码表示让程序暂停执行 30 秒，让用户有足够的时间完成手动登录（可输入账号和密码来登录，也可用手机 App 扫码登录）。

30 秒暂停结束后，访问热搜榜页面并获取网页源代码。相应代码如下：

```
1   url = 'https://s.weibo.com/top/summary?cate=realtimehot'
2   browser.get(url)
3   time.sleep(15)
4   code = browser.page_source
```

第 1、2 行代码用于控制模拟浏览器访问热搜榜页面。

因为热搜榜页面的加载需要一定的时间，所以用第 3 行代码让程序再次暂停执行 15 秒，以保证页面完全加载。

第 4 行代码用于获取热搜榜页面的网页源代码。如果用 print() 函数输出获得的网页源代码，会看到其中包含我们需要的热搜榜数据。

成功获得网页源代码后，使用 BeautifulSoup 模块解析网页源代码的结构并定位包含数据的标签，相应代码如下：

```
1   from bs4 import BeautifulSoup
2   soup = BeautifulSoup(code, 'lxml')
3   ranks = soup.select('td.td-01')
4   titles = soup.select('td.td-02 > a')
5   searches = soup.select('td.td-02 > span')
```

第 1 行代码导入 BeautifulSoup 模块。

第 2 行代码用 BeautifulSoup 模块加载获得的网页源代码并进行结构解析。

第 3～5 行代码用 select() 函数分别定位包含序号、关键词和热搜指数的标签。select()函数中的 CSS 选择器是按照 2.4.2 节讲解的方法手动编写的，也可以按照 2.5.3 节讲解的方法用开发者工具获取。下面简单介绍 CSS 选择器的编写过程。

用谷歌浏览器打开新浪微博热搜榜页面，用开发者工具观察置顶条目对应的网页源代码，发现该条目没有热搜指数，序号对应一个 class 属性值为 "td-01" 的 <td> 标签，关键词对应一个 <a> 标签，其直接从属于一个 class 属性值为 "td-02" 的 <td> 标签，如图 3-13 所示。

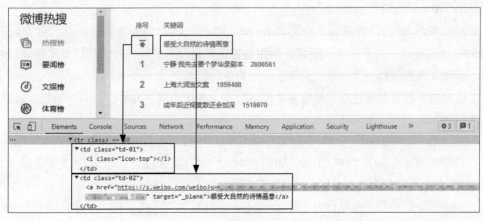

图 3-13

接着观察序号为 1 的条目对应的网页源代码，发现序号对应的 <td> 标签的 class 属性值有两个："td-01" 和 "ranktop"。此外，关键词对应一个 <a> 标签，热搜指数对应一个 <span> 标签，它们都直接从属于一个 class 属性值为 "td-02" 的 <td> 标签，如图 3-14 所示。

图 3-14

继续观察其余条目对应的网页源代码，发现它们都与序号为 1 的条目对应的网页源代码类似。分析完毕就可以编写 CSS 选择器了。其中，定位关键词和热搜指数的 CSS 选择器的编写比较简单，这里不详细解说。定位序号的 CSS 选择器则比较特殊，因为置顶条目的序号对应的 <td> 标签只有一个 class 属性值 "td-01"，而其余条目的序号对应的 <td> 标签还多一个 class 属性值 "ranktop"。前述代码中的 CSS 选择器 "td.td-01" 的定位结果将包括所有条目，如果要排除置顶条目，可以将 CSS 选择器修改为 "td.td-01.ranktop"，即在定位条件中增加一个 class 属性值 "ranktop"。

此时如果用 len() 函数查询 3 个列表 ranks、titles、searches 的元素个数，会发现列表 searches 比其他两个列表少 1 个元素，原因是置顶条目没有热搜指数。后续就需要做相应的处理，以使 3 个列表的长度一致，元素也一一对应。

定位到包含数据的标签后，从标签中提取数据，并进行清洗和整理，为导出数据做准备。相应代码如下：

```
1   ranks = [r.get_text().strip() for r in ranks]
2   titles = [t.get_text().strip() for t in titles]
3   searches = [s.get_text().strip().split(' ')[-1] for s in searches]
```

```
4    searches = [''] + searches
```

第 1～3 行代码从定位到的标签中提取文本并做适当的处理，从而得到序号、关键词和热搜指数。其中，热搜指数有可能包含多余的中文字符，如"综艺 443459"，因此，第 3 行代码在提取文本后，继续用 split() 函数以空格为分隔符拆分字符串，得到类似 ['综艺', '443459'] 的列表，再用列表切片的方式提取最后一个元素（[-1]），得到所需的数值。这 3 行代码使用了一种名为"列表推导式"的语法格式来快速创建列表。

第 4 行代码在列表 searches 的开头添加了一个元素（一个空字符串），以使 3 个列表的长度一致，元素也一一对应。其中的运算符"+"在这里的作用是连接两个列表。

此时若输出列表 ranks、titles、searches 的内容，会得到如下结果（部分内容从略）：

```
1    ['', '1', '2', '3' ……]
2    ['感受大自然的诗情画意', '宁静 我先去要个梦华录剧本', '上海大润发文案',
     '成年后近视度数还会加深' ……]
3    ['', '2806561', '1859488', '1519970' ……]
```

技巧

列表推导式又称列表生成式，这种语法格式能以简洁的代码快速创建列表。以第 1 行代码为例，其与如下所示的代码是等价的：

```
1    temp = []
2    for r in ranks:
3        temp.append(r.get_text().strip())
4    ranks = temp
```

3.3.2　保存爬取的数据

完成数据的提取和整理后，使用 pandas 模块将数据导出为 CSV 文件，相应代码如下：

```
1   import datetime
2   import pandas as pd
3   all_news = {'序号': ranks, '关键词': titles, '热搜指数': searches}
4   df = pd.DataFrame(all_news)
5   today = datetime.date.today()
6   df.to_csv(f'新浪微博热搜榜-{today}.csv', index=False, encoding=
    'utf-8-sig')
```

第 1 行代码导入 Python 内置的 datetime 模块，该模块专门用于处理日期和时间数据。

第 2 行代码导入 pandas 模块。

第 3 行代码用前面得到的 3 个列表构造出字典 all_news。

第 4 行代码将字典 all_news 转换为 DataFrame 对象。

第 5 行代码使用 datetime 模块中 date 类的 today() 函数返回当前本地日期。

第 6 行代码使用 to_csv() 函数将 DataFrame 中的数据写入 CSV 文件。其中各个参数的含义在前面已讲解过，这里只有第 1 个参数略有不同，它使用了一种称为 f-string 的语法格式将第 5 行代码获得的日期拼接到文件名中。

运行以上代码后，打开生成的 CSV 文件，如"新浪微博热搜榜-2022-06-06.csv"，可以看到爬取的数据，如图 3-15 所示。

	A	B	C
1	排名	标题	热搜指数
2		感受大自然的诗情画意	
3	1	宁静 我先去要个梦华录剧本	2806561
4	2	上海大润发文案	1859488
5	3	成年后近视度数还会加深	1519970

新浪微博热搜榜-2022-06-06

图 3-15

技巧

f-string 是一种用于拼接字符串的语法格式。此格式以修饰符 f 或 F 作为字符串的前缀，然后在字符串中用"{}"包裹要拼接的变量或表达式。演示代码如下：

```
1   fps = 30
2   duration = 10.32
3   parameter = f'帧率{fps}帧/秒，时长{duration}秒'
```

```
4    print(parameter)
```

运行结果如下：

```
1    帧率30帧/秒，时长10.32秒
```

如果不使用 f-string，则第 3 行代码要修改为如下形式：

```
1    parameter = '帧率' + str(fps) + '帧/秒，时长' + str(duration) + '秒'
```

从上面的例子可以看出，f-string 的优点是不需要事先转换数据类型就能将不同类型的数据拼接成字符串，相关代码也很简洁、直观、易懂。

爬取新浪微博热搜榜的完整代码如下：

```
1    from selenium import webdriver
2    from bs4 import BeautifulSoup
3    import time
4    import datetime
5    import pandas as pd
6    url= 'https://weibo.com/'
7    browser = webdriver.Chrome()
8    browser.maximize_window()
9    browser.get(url)
10   time.sleep(30)
11   url = 'https://s.weibo.com/top/summary?cate=realtimehot'
12   browser.get(url)
13   time.sleep(15)
14   code = browser.page_source
15   browser.quit()
```

```
16    soup = BeautifulSoup(code, 'lxml')
17    ranks = soup.select('td.td-01')
18    titles = soup.select('td.td-02 > a')
19    searches = soup.select('td.td-02 > span')
20    ranks = [r.get_text().strip() for r in ranks]
21    titles = [t.get_text().strip() for t in titles]
22    searches = [s.get_text().strip().split(' ')[-1] for s in searches]
23    searches = [''] + searches
24    all_news = {'序号': ranks, '关键词': titles, '热搜指数': searches}
25    df = pd.DataFrame(all_news)
26    today = datetime.date.today()
27    df.to_csv(f'新浪微博热搜榜-{today}.csv', index=False, encoding=
      'utf-8-sig')
```

第**4**章

数据收集与分析

　　在当今这个大数据时代，数据的收集与分析对短视频的创作和运营具有非常重要的意义。短视频的创作者和运营者需要收集和汇总作品的播放次数和点赞数、账号"粉丝"的新增数和流失数等重要数据，并通过分析这些数据及时调整创作思路和运营策略。

　　本章将通过编写 Python 代码，分别从京东商城和好看视频爬取数据，并进行用户评价情感分析和用户流失情况分析。

4.1 爬取京东商城的用户评价

在如今的电商平台上，越来越多的卖家开始使用短视频展示商品。通过收集已购买商品的用户发表的评价，可以了解商品的口碑和消费者的喜好，为短视频的创作指明方向。本节将通过编写 Python 代码，从京东商城爬取指定商品的用户评价。

4.1.1 初步分析网页

编写代码之前，要先判断评价内容是不是动态加载出来的。以一款沙发为例，用谷歌浏览器打开它的详情页（https://item.jd.com/100011690068.html），❶单击"商品评价"按钮，❷勾选"只看当前商品评价"复选框，❸即可查看购买这款商品的用户发表的评价，如图 4-1 所示。

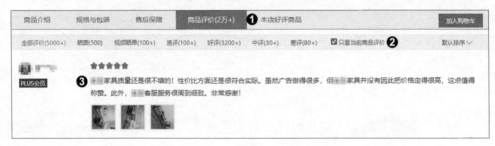

图 4-1

用右键快捷菜单查看该页面的网页源代码，并在其中搜索部分评价内容，会发现搜索不到，这说明该页面中的评价内容很有可能是动态加载出来的。因此，这里选择使用 Selenium 模块获取网页源代码。

4.1.2 爬取单页评价

◎ 代码文件：实例文件＼04＼4.1＼爬取单页评价.ipynb

从爬取单页的评价内容入手。首先导入需要用到的模块，相应代码如下：

```
1    from selenium import webdriver
```

```
2   from selenium.webdriver.common.by import By
3   import time
4   import re
```

然后通过 Selenium 模块控制模拟浏览器访问指定网址，相应代码如下：

```
1   browser = webdriver.Chrome()
2   browser.maximize_window()
3   url = 'https://item.jd.com/100011690068.html'
4   browser.get(url)
5   time.sleep(30)
```

第 2 行代码使用 maximize_window() 函数将模拟浏览器窗口最大化，以避免"商品评价"按钮和"只看当前商品评价"复选框被其他网页元素遮挡。

京东商城有时需要登录才能查看评价，因此，第 5 行代码使用 time 模块的 sleep() 函数等待 30 秒，让用户有足够的时间在页面中手动登录自己的账户。

登录成功后，需要模拟单击"商品评价"按钮并勾选"只看当前商品评价"复选框，然后获取网页源代码。相应代码如下：

```
1   browser.find_element(By.CSS_SELECTOR, 'li[data-anchor="#comment"]').
    click()
2   time.sleep(5)
3   browser.find_element(By.CSS_SELECTOR, 'input#comm-curr-sku').click()
4   time.sleep(5)
5   code = browser.page_source
6   browser.quit()
```

第 1、3 行代码中的 CSS 选择器是按照 2.4.2 节讲解的方法手动编写的，也可使用本书介绍的其他方法来定位网页元素，这里不再赘述。

如果输出获得的网页源代码，可在其中看到评价内容，说明获取成功。观察获得的网页源代码和开发者工具中的网页源代码，发现包含评价内容的网页源代码有如下规律：

```
<p class="comment-con">评价内容</p>
```

由此可编写出用正则表达式提取评价内容的代码如下：

```
1  p_comment = '<p class="comment-con">(.*?)</p>'
2  comment = re.findall(p_comment, code, re.S)
3  print(comment)
```

运行以上代码，输出结果如图 4-2 所示，可以看到第 1 页评价内容爬取成功。但是部分评价内容包含多余的字符串"
"，还需要进行数据清洗。

['█ █家具质量还是很不错的！性价比方面还是很符合实际。虽然广告做得很多，但██家具并没有因此把价格定得很高，这点值得称赞。此外，██客服服务很周到细致。非常感谢！', '此外，特别鸣谢627客服，服务态度很好，很耐心、细致地解答客户咨询。非常感谢！', '沙发是家人心心念念的款式，赶上有活动赶紧买了。一直相信██大品牌。不仅有好的质量，还有好的服务。师傅安装很麻利。', '639客服服务态度很好，很专业，家具很不错！
第1次买██的沙发，收到之后出乎意料地好，比实体店要好多了，客服服务态度很专业，推荐得很好，买销量第1位的就对了。', '第一次在线上买这么大的家具，非常满意，发货送货都很快，四楼，无电梯，楼道比较窄，五六个师傅费了好大劲才搬上来，以非常熟练的手法拼装完毕，摆好靠垫，十分完美！虽然研究了很久的尺寸，不过比我想象的大，沙发很宽，坐着非常舒服，靠垫又实用又好看，真是太喜欢了，以后买家具认准██，物美价廉服务棒！', '无论材质还是做工都超出了预期，卖家发货也比预计提早了很多，还会再来。买吧，不会后悔的哦！全五分。621客服服务态度很好，很专业，回答很快', '京东自营的██家私值得信赖，之前看评论说沙发到了后会有运损和瑕疵，还有些担心，实际看到包装很严实，师傅拆包后安全下车。', '██做活动价格挺实惠的，沙发属于比较硬的，适合家里老年人。颜色也很好看。505客服态度很好，服务很专业哦。', '给家里买的，沙发真的很不错！！！！颜值很高，值得入手。点名表扬888号客服，服务态度真的没话说，为你点赞！', '看起来不错，师傅送货上门，安装过程也蛮顺利的，师傅服务热情周到。家人确认没啥瑕疵，服务值得肯定！！！！', '沙发收到了，质量很好的，大牌子值得信赖，和图片没有色差，比实体店便宜多了，还送了个小圆凳。659客服服务态度很好，很专业，回复及时。不错的一次购物。']

图 4-2

最后进行数据的清洗和保存，相应代码如下：

```
1  comment = [i.strip().replace('<br>', '') for i in comment]
2  with open(file='用户评价-单页.txt', mode='w', encoding='utf-8') as f:
3      s = '\n'.join(comment)
4      f.write(s)
```

第 1 行代码通过列表推导式对列表 comment 中的每个元素进行清洗，包括删除首尾的空白字符和多余的字符串"
"。

第 2 行代码使用 open() 函数创建了一个文本文件"用户评价-单页.txt"。

第 3 行代码使用 join() 函数将列表 comment 转换成以换行符为分隔符的字符串 s。

第 4 行代码使用 write() 函数将字符串 s 的内容写入文本文件。

运行以上代码后，打开生成的文本文件"用户评价-单页.txt"，即可看到爬取的评价内容。

技巧

open() 函数是 Python 的内置函数，用于打开文件。该函数有 3 个常用参数：参数 file 用于指定文件的路径，可为绝对路径或相对路径；参数 mode 用于指定打开文件的模式，在处理文本文件时，该参数的常用值见表 4-1；参数 encoding 用于指定文本文件的编码格式。

表 4-1

参数值	含义
'r'	以只读方式打开文件
'w'	打开一个文件，以覆盖的方式写入内容。如果该文件不存在，会创建新文件。如果该文件已存在，则打开文件时会清除已有内容
'a'	打开一个文件，以追加的方式写入内容。如果该文件不存在，会创建新文件。如果该文件已存在，则在已有内容之后写入新内容

在实际应用中，通常将 open() 函数与 with...as... 语句结合使用，其基本语法格式如下。当 with...as... 语句下方的代码段执行完毕后，文件会被自动关闭。

```
1  with open(...) as f:  # 注意不要遗漏冒号，变量f可以换成其他变量名
2      读写文件内容的代码段   # 注意代码前要有缩进
```

4.1.3　爬取多页评价

◎ 代码文件：实例文件＼04＼4.1＼爬取多页评价.ipynb

实现了单页评价的爬取，接着来实现多页评价的爬取。其核心思路是用 Selenium 模块模拟单击当前评价区底部的"下一页"按钮进行翻页，完整代码如下：

```
1  from selenium import webdriver
```

```
2    from selenium.webdriver.common.by import By
3    import time
4    import re
5    browser = webdriver.Chrome()
6    browser.maximize_window()
7    url = 'https://item.jd.com/100011690068.html'
8    browser.get(url)
9    time.sleep(30)
10   browser.find_element(By.CSS_SELECTOR, 'li[data-anchor="#comment"]').
     click()
11   time.sleep(5)
12   browser.find_element(By.CSS_SELECTOR, 'input#comm-curr-sku').click()
13   p_comment = '<p class="comment-con">(.*?)</p>'
14   for j in range(5):
15       time.sleep(5)
16       code = browser.page_source
17       comment = re.findall(p_comment, code, re.S)
18       comment = [i.strip().replace('<br>', '') for i in comment]
19       with open(file='用户评价-多页.txt', mode='a', encoding='utf-8')
         as f:
20           s = '\n'.join(comment) + '\n'
21           f.write(s)
22       browser.find_element(By.CSS_SELECTOR, 'div.com-table-footer a.
         ui-pager-next').click()
23   browser.quit()
```

第 10、12 行代码分别用于模拟单击"商品评价"按钮和勾选"只看当前商品评价"复选框。

第 13 行代码用于指定提取评价内容的正则表达式。

第 14～22 行代码用 for 语句构造了一个循环次数为 5 的循环，表示要爬取 5 页的评价内容。每一轮循环中先获取当前页的源代码（第 16 行），从中提取评价内容并写入文本文件（第 17～21 行），然后模拟单击"下一页"按钮（第 22 行）。因为每爬取一页就要将爬取结果写入文本文件，所以第 19 行代码将 open() 函数的参数 mode 设置为 'a'。第 20 行代码在字符串 s 的末尾增加了一个换行符，这是为了将不同页面的评价内容区分开。第 22 行代码中用于定位"下一页"按钮的 CSS 选择器是按照 2.4.2 节讲解的方法手动编写的，也可以使用本书介绍的其他方法来定位该按钮。

运行以上代码后，打开生成的文本文件"用户评价-多页.txt"，即可看到爬取的 5 页评价内容，这里不再赘述。

4.2　用户评价情感分析

◎ 素材文件：实例文件 \ 04 \ 4.2 \ 用户评价统计表.xlsx、stopwords.txt
◎ 代码文件：实例文件 \ 04 \ 4.2 \ 用户评价情感分析.ipynb

获得了用户对所购买商品发表的评价，就可以通过分析评价了解用户的偏好，以便在创作短视频时"投用户所好"，提升用户对品牌和商品的好感度。用户评价分析的思路有很多，比较简单的一种思路是统计评价中出现频率较高的关键词，可以认为它们在一定程度上反映了用户的偏好。如图 4-3 所示为从某电商网站爬取的一款商品的评价数据，保存在工作簿"用户评价统计表.xlsx"中。本节将通过编写 Python 代码，先对评价内容进行分词，然后对分词结果进行词频统计，再根据词频绘制词云图来直观地展示出现频率较高的关键词。

	A	B	C
1	序号	评价内容	评价类型
2	1	材质质感：我之前对于布艺沙发的印象是比较软，坐久了容易下陷，但是这一款沙发给我的感觉是软中带硬、坐感舒适。底部一层是实木，很结实够硬气、稳稳的。一些抱枕的布料摸起来挺好，不会太滑，手感俱佳。左右两边的扶手皮质很滑，够宽，够结实。 外观款式：颜色看上去不错，让整个客厅都明亮起来，特别是晚上打开灯，整个屋子都亮得让人很舒服。贵妃榻比我想象的宽大，大晚上躺在上面看电视感觉真是一流。其他三个位置，每个位置一个人坐下来都觉得很宽。往后靠着，很舒服。 材质用料：上层座椅是布艺，芯够厚实。下层是实木，够结实够硬够稳。两边扶手表面是皮，里头架子是木头。	好评
3	2	服务很好，送货上门，安装师傅很负责，客服032号非常耐心，网上价格也很合理。这次装修在店里一共买了3张床、3张床垫、1套沙发、1套电视柜、1张茶几、1张餐桌，都还可以！	中评
4	3	沙发的整体感觉很好，坐着也很舒服，没有异味。拼色款式非常好，漂亮大方。做工也很精细，缝线处都非常规矩。坐垫和靠背软硬度也很适中，布料质量很好，手感也很不错。	好评
5	4	沙发很不错，大品牌值得信赖，做工精细，面料质感很好，价格也实惠，比实体店好太多，推荐！	好评
6	5	大品牌质量有保证，之前买过这家的衣柜，品质很好，没有什么味道，板材好。沙发趁着搞活动买的，挺划算，质量杠杠滴。沙发很软，底板木头做工细致，虽然是新的也没有什么味道，坐起来很有感觉。抱枕是真心好看，款式简约大方。工作人员负责任，服务态度好，点个赞。	好评

图 4-3

4.2.1 对评价文本进行分词和词频统计

先从工作簿中读取数据，相应代码如下：

```
1  import pandas as pd
2  data = pd.read_excel('用户评价统计表.xlsx', index_col='序号')
3  print(data.head())
```

第 2 行代码使用 pandas 模块中的 read_excel() 函数读取工作簿中的数据。第 1 个参数用于指定工作簿的文件路径。参数 index_col 用于指定作为行标签的列。

第 3 行代码使用 head() 函数输出数据的前 5 行，以便预览读取效果。

代码运行结果如图 4-4 所示。

序号	评价内容	评价类型
1	材质质感：我之前对于布艺沙发的印象是比较软，坐久了容易下陷，但是这一款沙发给我的感觉是软中带…	好评
2	服务很好，送货上门，安装师傅很负责，客服032号非常耐心，网上价格也很合理。这次装修在店里一…	中评
3	沙发的整体感觉很好，坐着也很舒服，没有异味。拼色款式非常好，漂亮大方。做工也很精细，缝线处都…	好评
4	沙发很不错，大品牌值得信赖，做工精细，面料质感很好，价格也实惠，比实体店好太多，推荐！	好评
5	大品牌质量有保证，之前买过这家的衣柜，质量好，没有什么味道，板材好。沙发趁着搞活动买的，挺划…	好评

图 4-4

接着需要进行文本分词，即将一段文本切分成一个个单独的词。英文的行文以空格作为单词之间的分界符，而中文的行文没有形式上的分界符，因此，中文分词比英文分词要复杂得多。这里利用中文分词模块 jieba 来完成分词任务，该模块的安装命令为 "pip install jieba"。安装好 jieba 模块后，先尝试对一条评价进行中文分词。相应代码如下：

```
1  import jieba
2  words = jieba.cut(data.loc[3, '评价内容'])
3  result = '/'.join(words)
4  print(result)
```

第 1 行代码导入 jieba 模块。

第 2 行代码使用 jieba 模块中的 cut() 函数对指定的文本进行分词,并将结果赋给变量 words。其中的 data.loc[3, '评价内容'] 表示提取第 3 条评价的内容。

cut() 函数返回的分词结果是一个生成器。生成器和列表很相似,但是不能直接用 print() 函数输出生成器的内容。这里通过第 3 行代码将分词结果用"/"号连接起来,以便进行输出。

代码运行结果如下,可以看到成功地对第 3 条评价进行了分词。

```
1  沙发/的/整体/感觉/很/好/,/坐/着/也/很/舒服/,/没有/异味/。/拼色/款式/非
   常/好/,/漂亮/大方/。/做工/也/很/精细/,/缝线/处/都/非常/规矩/。/坐垫/和
   /靠背/软/硬度/也/很/适中/,/布料/质量/很/好/,/手感/也/很/不错/。
```

下面着手对多条评价进行批量分词。考虑到评价有"好评""中评""差评"等不同的类型,分别进行分析会更有针对性,所以先对评价类型为"好评"的评价进行分词。相应代码如下:

```
1  good = data[data['评价类型'] == '好评']
2  good = good['评价内容'].tolist()
3  good = ''.join(good)
4  good_seg_list = jieba.cut(good)
```

第 1 行代码从读取的数据中筛选出评价类型为"好评"的数据。

第 2 行代码将筛选结果的"评价内容"列数据转换成列表。

第 3 行代码将第 2 行代码得到的列表的各个元素(即各个用户的评价内容)连接成一个大字符串,以便统一进行分词。

第 4 行代码使用 jieba 模块中的 cut() 函数对第 3 行代码得到的大字符串进行中文分词。

在前面单条评价的分词结果中可以看到,其中有一些词,如"很""在""了",出现频率可能很高,但是对于分析用户的偏好没有太大作用。为了提高分析效率,在分词完毕后最好将这类词从结果中剔除,这一操作称为"停用词过滤"。

为了过滤停用词,需要准备一个停用词词典。我们可以根据文本分析的目的自己制作停用词词典,但更有效率的做法是下载现成的停用词词典,然后按需求在词典中增删停用词。网络上有一些可以免费下载的中文停用词词典,读者可以自行搜索。这里使用本节实例文件

中的停用词词典"stopwords.txt"来过滤停用词。相应代码如下：

```
1  with open(file='stopwords.txt', mode='r', encoding='utf-8') as f:
2      stopwords = f.read().splitlines()
3  extra_stopwords = [' ', '\n', '品牌', '商品', '沙发', '印象', '感
   觉', '非常', '特别', '很', '够']
4  stopwords += extra_stopwords
```

第 1、2 行代码从停用词词典"stopwords.txt"中读取内容，并按行拆分，得到一个停用词列表 stopwords。

第 3 行代码创建了一个列表 extra_stopwords，其内容是一些自定义的停用词。

第 4 行代码使用"+="运算符将列表 extra_stopwords 连接到列表 stopwords 的尾部。

准备好停用词列表，就可以从分词结果中过滤停用词了。相应代码如下：

```
1  good_filtered = []
2  for w in good_seg_list:
3      if w not in stopwords:
4          good_filtered.append(w.lower())
```

第 1 行代码创建了一个空列表，用于存放过滤后的词。

第 2～4 行代码用 for 语句遍历前面的分词结果，然后判断当前词是否不在停用词列表中，如果满足条件，就将当前词添加到第 1 行代码创建的列表中。添加之前用 lower() 函数将可能存在的英文字母统一转换成小写形式，原因是一些英文单词可能存在不同的大小写形式，如"APP"和"app"，但统计词频时应作为同一个词处理。

💬 **技巧** ─────────────────────────────

这 4 行代码可以用列表推导式简化成如下所示的 1 行代码：

```
1  good_filtered = [w.lower() for w in good_seg_list if w not in
   stopwords]
```

─────────────────────────────────────

最后对过滤了停用词的分词结果进行词频统计，相应代码如下：

```
1   from collections import Counter
2   good_frq = Counter(good_filtered).most_common(50)
3   print(good_frq)
```

第 1 行代码导入 Python 的内置模块 collections 中的 Counter() 函数。

第 2 行代码使用 Counter() 函数对过滤了停用词的分词结果进行元素唯一值的个数统计，得到各个词的词频，再用 most_common() 函数提取排名前几位的词和词频，这里的 50 表示前 50 位。

代码运行结果如下（部分内容从略）。可以看出，统计结果是一个列表，列表的元素则是一个个包含词和词频的元组。

```
1   [('材质', 5), ('款式', 5), ('舒服', 5), ('质量', 5), ('外观', 4), ('不
    错', 4), ('商家', 4), ('质感', 3), ('结实', 3) ……]
```

4.2.2　绘制词云图分析用户偏好

前面得到的词频统计结果其实已经可以反映用户的一些偏好，为了更直观地展示统计结果，可以将其绘制成词云图。能绘制词云图的 Python 第三方模块有不少，这里使用的是 pyecharts 模块，它能创建类型丰富、精美生动、可交互性强的数据可视化效果。该模块的安装命令为 "pip install pyecharts"。

用 pyecharts 模块绘制词云图的代码如下：

```
1   import pyecharts.options as opts
2   from pyecharts.charts import WordCloud
3   chart = WordCloud()
4   chart.add(series_name='数量', data_pair=good_frq, word_size_range=
    [10, 80])
```

```
5    chart.set_global_opts(title_opts=opts.TitleOpts(title='用户评价情
     感分析', title_textstyle_opts=opts.TextStyleOpts(font_size=30)),
     tooltip_opts=opts.TooltipOpts(is_show=True))
6    chart.render('词云图.html')
```

第 1 行代码导入 pyecharts 模块的子模块 options，并简写为 opts。

第 2 行代码导入 pyecharts 模块的子模块 charts 中的 WordCloud 类。

第 3 行代码使用 WordCloud 类创建了一张空白的词云图。

第 4 行代码中，add() 函数的参数 series_name 用于设置数据系列的名称，参数 data_pair 用于设置数据源，参数 word_size_range 用于设置词云图中每个词的字号变化范围。

在 pyecharts 模块中，用于配置图表元素的选项称为配置项。配置项分为全局配置项和系列配置项，全局配置项可通过 set_global_opts() 函数进行设置。

第 5 行代码中的 TitleOpts() 函数用于设置图表标题，TextStyleOpts() 函数用于设置字体样式，TooltipOpts() 函数用于设置是否显示提示框。

第 6 行代码使用 render() 函数将图表保存为网页文件"词云图.html"。

运行以上代码后，双击生成的网页文件"词云图.html"，可在默认浏览器中看到如图 4-5 所示的词云图。将鼠标指针放在某个词上，可以看到该词的词频。从图中可以看出，对这款商品给予好评的用户比较频繁地提及了"材质""款式""质量""舒服"等关键词，说明商品在这些方面的表现较为优秀。为商品创作短视频时就可以突出这些优点，以吸引更多用户下单。

图 4-5

4.3 爬取好看视频的数据

短视频数据既包括时长、发布时间、发布平台等与短视频发布相关的数据，也包括播放量、评论量、转发量等与短视频播放效果相关的数据。短视频创作者和运营者通过收集和分析这些数据，能够获取有价值的信息，从而更好地创作作品和运营账号。

好看视频（https://haokan.baidu.com/）是百度旗下的短视频平台，分为"娱乐""动漫""生活"等多个频道。本案例将批量爬取"美食"频道（https://haokan.baidu.com/tab/meishi_new）下的视频数据，该频道的页面效果如图 4-6 所示。

图 4-6

4.3.1 解析网页请求

在编写代码前，首先要判断网页是静态的还是动态加载的。在谷歌浏览器中打开目标网页后，向下拖动页面右侧的滚动条，可以看到网页中会加载出更多视频，由此可以判断该网页是动态加载的。

接下来需要分析动态请求的接口地址和参数。打开开发者工具，❶切换到"Network"选项卡，❷单击"Fetch / XHR"按钮，如果在选项卡中看不到内容，则按快捷键〈Ctrl+R〉刷新页面，随后会筛选出多个条目，在窗口的上半部分继续向下滚动页面，加载出新的内容，可看到原有条目下方出现多个新条目，❸单击第 1 个新条目，❹在右侧切换到"Headers"选项卡，❺找到"General"栏目，其中"Request URL"参数的值就是动态请求的网址，如图4-7 所示。

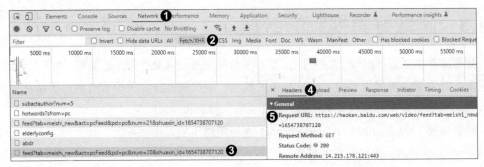

图 4-7

根据"？"将上述网址拆分成两个部分：第 1 部分 https://haokan.baidu.com/web/video/feed 是动态请求的接口地址；第 2 部分则是需要在 get() 函数中携带的动态请求参数。为便于分析，❶切换到"Headers"选项卡右侧的"Payload"选项卡，❷在"Query String Parameters"栏目下查看各个参数的名称和值，如图 4-8 所示。用相同的方法分析其他条目的接口地址和参数。通过对比可以发现，不同条目的接口地址和参数都是相同的。

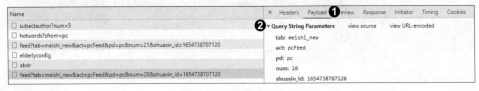

图 4-8

掌握了动态请求的接口地址和参数后，还需要分析动态请求返回的内容，找到要爬取的视频数据。❶在开发者工具中选择任意一个动态加载条目，❷在右侧切换到"Preview"选项卡，❸预览动态请求返回的内容，如图 4-9 所示。可以看到它不是 HTML 代码，而是 JSON 格式的数据，可以将这种数据理解为 Python 中的字典和列表的组合。这里的 JSON 格式数据是一个大字典，依次展开 data 键、response 键、videos 键，可以看到对应的值是一个大列表，列表中有 20 个字典，分别对应 20 个视频的数据。

图 4-9

继续展开任意一个视频对应的字典，可以看到视频的各种数据，包括标题、评论量、时长、播放量等，如图 4-10 所示。至此，网页动态请求的初步分析就完成了。

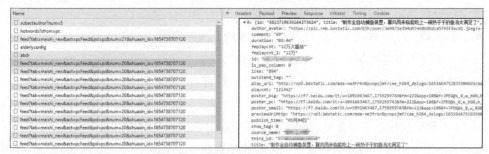

图 4-10

4.3.2　爬取单页短视频数据

◎ 代码文件：实例文件＼04＼4.3＼爬取单页短视频数据.ipynb

分析完毕后，就可以编写代码了。本节将尝试爬取单页的短视频数据。先用 Requests 模块中的 get() 函数获取单次动态请求返回的内容，相应代码如下：

```
1  import requests
2  url = 'https://haokan.baidu.com/web/video/feed'
3  headers = {'User-Agent': 'Mozilla/5.0 (Windows NT 10.0; Win64; x64)
   AppleWebKit/537.36 (KHTML, like Gecko) Chrome/102.0.0.0 Safari/537.36'}
4  params = {
5      'tab': 'meishi_new',
6      'act': 'pcFeed',
7      'pd': 'pc',
8      'num': '20'
9  }
10 response = requests.get(url=url, headers=headers, params=params)
11 json_data = response.json()
```

```
12    print(json_data)
```

第 2 行代码给出了前面分析出的接口地址。

第 3 行代码用于设置请求头信息，这里设置的是用户代理。

第 4～9 行代码是根据前面分析出的动态请求参数构造的字典。其中，参数 tab 用于指定频道，这里的值 'meishi_new' 代表"美食"频道；参数 num 用于指定加载的视频数量。

第 10 行代码使用 get() 函数携带参数对接口地址发起请求并获取响应对象。

第 11 行代码使用响应对象的 json() 函数将响应对象的内容解析为 JSON 格式数据。

第 12 行代码使用 print() 函数输出 JSON 格式数据。

运行以上代码，输出结果如下。可以看到爬取失败，原因可能是上述代码没能很好地伪装成浏览器，触发了网站的反爬措施。

```
1    {'errno': 101007, 'errmsg': '网络错误，请稍后重试！', 'logid': '1626
     579081', 'fatal': 0}
```

要解决这个问题，可以尝试在请求头中添加其他信息，如 Cookie 信息。返回开发者工具，选择任意一个动态加载条目，❶查看 "Headers" 选项卡下的 "Request Headers" 栏目，❷选中 "Cookie" 参数的值，如图 4-11 所示，并将其复制到剪贴板。

图 4-11

将复制的 Cookie 值粘贴到第 3 行代码的请求头字典中，修改后的代码如下：

```
1    headers = {
```

```
2      'Cookie': '请读者自行替换成实际的Cookie值',
3      'User-Agent': 'Mozilla/5.0 (Windows NT 10.0; Win64; x64) Apple-
       WebKit/537.36 (KHTML, like Gecko) Chrome/102.0.0.0 Safari/537.36'
4    }
```

运行修改后的代码，输出结果如图 4-12 所示，可以看到成功地获得了 JSON 格式数据。

```
{'errno': 0,
 'errmsg': '成功',
 'logid': '3579895006',
 'data': {'response': {'videos': [{'id': '16442918137579352585',
    'title': '以后想吃脆皮香蕉，就像我这样做，做法简单',
    'poster_small': 'https://f7.baidu.com/it/u=1803000735,3085314535&fm=222&app=106&f=JPEG@s_0,
    'poster_big': 'https://f7.baidu.com/it/u=1803000735,3085314535&fm=222&app=106&f=JPEG@s_0,w_
    'poster_pc': 'https://f7.baidu.com/it/u=1803000735,3085314535&fm=222&app=106&f=JPEG@s_0,w_6
    'source_name': '小米辣美食日记',
    'play_url': 'http://vd4.bdstatic.com/mda-pdjbtbq3auawercv/360p/h264/1681978821333922763/mda
    'duration': '00:21',
    'url': 'https://haokan.hao123.com/v?vid=16442918137579352585&pd=pc&context=',
    'show_tag': 0,
    'publish_time': '04月20日',
    'is_pay_column': 0,
    'like': '305',
    'comment': '10',
    'playcnt': 51336,
    'fmplaycnt': '5.1万次播放',
    'fmplaycnt_2': '5.1万',
```

图 4-12

接下来进行数据的提取、清洗和导出，相应代码如下：

```
1    import pandas as pd
2    videos = json_data['data']['response']['videos']
3    df = pd.DataFrame(videos)
4    df = df[['title', 'duration', 'comment', 'like', 'fmplaycnt_2']]
5    df.columns = ['标题', '时长', '评论量', '点赞量', '播放量']
6    df['播放量'] = df['播放量'].str.replace(pat='万', repl='e4').apply(eval)
7    df = df.astype(dtype={'评论量': 'int', '点赞量': 'int', '播放量': 'int'})
8    df.to_excel('短视频数据-单页.xlsx', index=False)
```

第 2 行代码根据前面的分析从 JSON 格式数据中提取包含各段视频数据的大列表，列表中的元素是一个个字典。

第 3 行代码将第 2 行代码提取的包含字典的列表转换成 DataFrame 对象。

DataFrame 对象中的数据只有一部分是我们感兴趣的，第 4 行代码从 DataFrame 对象中选取需要保留的列，包括 title、duration、comment、like、fmplaycnt_2，分别对应视频的标题、时长、评论量、点赞量、播放量。

第 5 行代码对各列进行重命名，让其更易读。

第 6 行代码用于清洗数据。"播放量"列中的部分值含有字符"万"，如"5.1 万"，这行代码会先用 replace() 函数将"万"替换成"e4"，得到"5.1e4"，然后用 apply() 函数对其应用 eval() 函数，将字符串当成表达式进行运算并返回运算结果，得到数字 51000。

第 7 行代码使用 astype() 函数将"评论量""点赞量""播放量"这 3 列的数据类型转换成整型数字。

第 8 行代码使用 to_excel() 函数将处理好的数据导出至工作簿。其中参数 index 设置为 False，表示导出数据时忽略行标签。

运行以上代码后，打开生成的工作簿"短视频数据-单页.xlsx"，部分数据如图 4-13 所示。

	A	B	C	D	E
1	标题	时长	评论量	点赞量	播放量
2	以后想吃脆皮香蕉，就像我这样做，做法简单	00:21	10	305	51000
3	以假乱真的果粒橙果冻，猜猜我做成功没有？	01:03	6	6	799
4	红烧猪蹄想要软糯好吃，两个关键要掌握	00:38	4	25	6113
5	苏州大丹，是甜味最足的鸡头米，其质地娇柔吹弹可破｜风味人间2	01:32	4	81	5948
6	将薄壳米脱成米，这种传统手法，也只有潮汕少数地区有了｜老广	01:14	5	12	1929
7	武汉的生烫牛杂，搭配牛骨头熬制的鲜汤，味道无比鲜香｜向着宵夜	01:12	3	2	89
8	今晚给你们表演一口一个大蛤蜊！想想都开始流口水了哈哈	02:10	19	202	28000
9	塔吉克人将杏仁视为珍宝，磨成粉后与茶煮沸，浓稠丝滑｜水果传2	01:19	6	61	5694

图 4-13

4.3.3 爬取多页短视频数据

 ◎ 代码文件：实例文件＼04＼4.3＼爬取多页短视频数据.ipynb

在爬取单页视频数据的基础上，通过构造循环，即可爬取多页数据。完整代码如下：

```
import requests
```

```python
import pandas as pd
url = 'https://haokan.baidu.com/web/video/feed'
headers = {
    'Cookie': '请读者自行替换成实际的Cookie值',
    'User-Agent': 'Mozilla/5.0 (Windows NT 10.0; Win64; x64) Apple-
    WebKit/537.36 (KHTML, like Gecko) Chrome/102.0.0.0 Safari/537.36'
}
params = {
    'tab': 'meishi_new',
    'act': 'pcFeed',
    'pd': 'pc',
    'num': '20'
}
all_data = []
for i in range(3):
    response = requests.get(url=url, headers=headers, params=par-
    ams)
    json_data = response.json()
    videos = json_data['data']['response']['videos']
    all_data += videos
df = pd.DataFrame(all_data)
df = df[['title', 'duration', 'comment', 'like', 'fmplaycnt_2']]
df.columns = ['标题', '时长', '评论量', '点赞量', '播放量']
df['播放量'] = df['播放量'].str.replace(pat='万', repl='e4').ap-
ply(eval)
df = df.astype(dtype={'评论量': 'int', '点赞量': 'int', '播放量':
'int'})
df.to_excel('短视频数据-多页.xlsx', index=False)
```

第 14 行代码创建了一个空列表 all_data，用于存放爬取到的每一页数据。

第 15～19 行代码构造了一个循环次数为 3 的循环，表示批量爬取 3 页数据。每一轮循环中先获取 JSON 格式数据，然后从 JSON 格式数据中提取大列表 videos，再将大列表拼接到第 14 行代码创建的列表 all_data 中去。

第 20～25 行代码用于清洗和导出数据。

运行上述代码后，打开生成的工作簿"短视频数据-多页.xlsx"，即可看到批量爬取的 3 页共 60 条视频数据，这里不再展示。

4.4　用户流失分析

◎ 素材文件：实例文件＼04＼4.4＼用户流失统计表.xlsx
◎ 代码文件：实例文件＼04＼4.4＼用户流失分析.ipynb

用户的规模是内容商业化的基础。短视频运营者在致力于吸引新用户、扩大用户规模的同时，还需要注意防止老用户流失，提升用户留存率。

如图 4-14 所示为工作簿"用户流失统计表.xlsx"中的数据，其中记录了多名用户的性别、婚姻状况、学历等数据。下面通过编写 Python 代码，从多个方面对数据进行统计和可视化，帮助运营者分析用户流失的情况。

	A	B	C	D	E	F	G	H	I
1	序号	用户ID	性别	是否90后	婚姻状况	学历	城市	消费能力	是否流失
2	1	1234567890	男	是	未婚	大学专科	一线	高	是
3	2	1234567891	女	是	未婚	大学专科	二线	中	是
4	3	1234567892	女	是	已婚	本科及以上	二线	高	否
5	4	1234567893	男	否	已婚	高中及以下	三线及以下	低	否
6	5	1234567894	女	否	已婚	本科及以上	二线	高	否

图 4-14

4.4.1　读取和清洗数据

首先从工作簿中读取数据，相应代码如下：

```
1    import pandas as pd
```

```
2    data = pd.read_excel('用户流失统计表.xlsx', index_col='序号')
3    print(data.head())
```

代码运行结果如图 4-15 所示。

序号	用户ID	性别	是否90后	婚姻状况	学历	城市	消费能力	是否流失
1	1234567890	男	是	未婚	大学专科	一线	高	是
2	1234567891	女	是	未婚	大学专科	二线	中	是
3	1234567892	女	是	已婚	本科及以上	二线	高	否
4	1234567893	男	否	已婚	高中及以下	三线及以下	低	否
5	1234567894	女	否	已婚	本科及以上	二线	高	否

图 4-15

然后使用 info() 函数查看数据的概况，相应代码如下：

```
1    data.info()
```

代码运行结果如下。其中，"Non-Null Count"列代表每列数据的非空值个数，可以看到，"是否流失"列有 972 个非空值，其余列有 1000 个非空值，说明"是否流失"列含有缺失值。

```
1    <class 'pandas.core.frame.DataFrame'>
2    Index: 1000 entries, 1 to 1000
3    Data columns (total 8 columns):
4     #   Column      Non-Null Count   Dtype
5     ---  ----------  --------------   ------
6     0   用户ID        1000 non-null    int64
7     1   性别          1000 non-null    object
8     2   是否90后       1000 non-null    object
9     3   婚姻状况        1000 non-null    object
10    4   学历          1000 non-null    object
```

```
11   5     城市          1000 non-null    object
12   6     消费能力       1000 non-null    object
13   7     是否流失       972 non-null     object
14   dtypes: int64(1)，object(7)
15   memory usage: 70.3+ KB
```

使用 dropna() 函数删除含有缺失值的行，并再次使用 info() 函数查看数据的概况，相应代码如下：

```
1   data = data.dropna()
2   data.info()
```

代码运行结果如下，可以看到各列中没有缺失值了。

```
1    <class 'pandas.core.frame.DataFrame'>
2    Index: 972 entries, 1 to 1000
3    Data columns (total 8 columns):
4     #   Column     Non-Null Count   Dtype
5    ---  ----------  ---------------  ------
6     0   用户ID      972 non-null     int64
7     1   性别        972 non-null     object
8     2   是否90后     972 non-null     object
9     3   婚姻状况      972 non-null     object
10    4   学历        972 non-null     object
11    5   城市        972 non-null     object
12    6   消费能力      972 non-null     object
13    7   是否流失      972 non-null     object
14   dtypes: int64(1)，object(7)
15   memory usage: 68.3+ KB
```

🗨 **技巧** ┄┄┄

dropna() 函数是 pandas 模块中 DataFrame 对象的函数，用于删除含有缺失值的行 / 列。该函数的常用参数有 axis、how、subset。

参数 axis 用于指定删除行还是删除列。设置为 0（默认值）时表示删除含有缺失值的行，为 1 时表示删除含有缺失值的列。

参数 how 用于指定删除的方式。设置为 'any'（默认值）时表示只要行 / 列含有缺失值就删除该行 / 列，为 'all' 时表示仅当行 / 列的所有值都为缺失值时才删除该行 / 列。

参数 subset 用于指定要在哪些行 / 列中查找缺失值，需与参数 axis 配合使用。

┄┄┄

处理完缺失值，还需要处理重复行。先结合使用 duplicated() 函数和 sum() 函数统计重复行的数量，相应代码如下：

```
1    print(data.duplicated().sum())
```

代码运行结果为 0，说明数据中没有重复行，不需要再进行处理。

🗨 **技巧** ┄┄┄

如果数据中有重复行，可以使用 DataFrame 对象的 drop_duplicates() 函数删除重复行。该函数的常用参数有 subset 和 keep。

参数 subset 用于指定根据哪些列的值来判定重复行。省略该参数表示所有列的值都相同时才判定为重复行。如果要指定列，需用列表的形式给出列标签，如 subset=['用户 ID', '性别']。

参数 keep 用于指定保留重复行的方式。设置为 'first'（默认值）时表示保留第一次出现的重复行，并删除其他重复行；为 'last' 时表示保留最后一次出现的重复行，并删除其他重复行；为 False 时表示一个不留地删除所有重复行。

┄┄┄

4.4.2 绘制饼图分析用户属性的占比

读取并清洗好数据后，接着来分析用户的各种属性的占比情况。首先使用 nunique() 函数统计各列数据唯一值的数量，相应代码如下：

```
1   print(data.nunique())
```

代码运行结果如下：

```
1   用户ID          972
2   性别            2
3   是否90后         2
4   婚姻状况          2
5   学历            3
6   城市            3
7   消费能力          3
8   是否流失          2
9   dtype: int64
```

可以看出"用户 ID"列没有重复值，可使用 set_index() 函数将该列设置成行标签列，作为每一行数据的标志。相应代码如下：

```
1   data = data.set_index('用户ID')
2   print(data.head())
```

代码运行结果如图 4-16 所示。

	性别	是否90后	婚姻状况	学历	城市	消费能力	是否流失
用户ID							
1234567890	男	是	未婚	大学专科	一线	高	是
1234567891	女	是	未婚	大学专科	二线	中	是
1234567892	女	是	已婚	本科及以上	二线	高	否
1234567893	男	否	已婚	高中及以下	三线及以下	低	否
1234567894	女	否	已婚	本科及以上	二线	高	否

图 4-16

然后使用 value_counts() 函数分别统计前 6 个属性的数量，相应代码如下：

```
1   a = data['性别'].value_counts()
2   b = data['是否90后'].value_counts()
3   c = data['婚姻状况'].value_counts()
4   d = data['学历'].value_counts()
5   e = data['城市'].value_counts()
6   f = data['消费能力'].value_counts()
7   print(a)
8   print(b)
9   print(c)
10  print(d)
11  print(e)
12  print(f)
```

代码运行结果如下。可以看到，男性用户有 554 人，女性用户有 418 人。其他属性的统计结果的解读方法类似，这里不再赘述。

```
1   性别
2   男      554
3   女      418
4   Name: count, dtype: int64
5   是否90后
6   否      617
7   是      355
8   Name: count, dtype: int64
9   婚姻状况
10  未婚     647
11  已婚     325
12  Name: count, dtype: int64
13  学历
```

```
14    本科及以上        383
15    大学专科          335
16    高中及以下        254
17    Name: count, dtype: int64
18    城市
19    一线              494
20    二线              311
21    三线及以下        167
22    Name: count, dtype: int64
23    消费能力
24    中        431
25    高        424
26    低        117
27    Name: count, dtype: int64
```

为了更直观地查看 6 个属性数据的占比情况，可使用 Matplotlib 模块中的 pie() 函数绘制饼图。相应代码如下：

```
1    import matplotlib.pyplot as plt
2    plt.rcParams['font.sans-serif'] = ['Microsoft YaHei']
3    plt.rcParams['axes.unicode_minus'] = False
4    fig = plt.figure(figsize=(12, 8))
5    colors = ['0.85', '0.65', '0.5']
6    autopct = '%.2f%%'
7    fontdict = {'fontsize': 15, 'fontweight': 'semibold', 'color': 'k'}
8    loc = 'center'
9    pad = 12
10   ax_dict = fig.subplot_mosaic('ABC;DEF')
11   ax_dict['A'].pie(x=a, labels=['男', '女'], colors=colors, autopct=
```

```
      autopct, explode=[0.1, 0])
12    ax_dict['A'].set_title(label='性别占比分析', fontdict=fontdict, loc=
      loc, pad=pad)
13    ax_dict['B'].pie(x=b, labels=['否', '是'], colors=colors, autopct=
      autopct, explode=[0.1, 0])
14    ax_dict['B'].set_title(label='是否90后占比分析', fontdict=fontdict,
      loc=loc, pad=pad)
15    ax_dict['C'].pie(x=c, labels=['已婚', '未婚'], colors=colors, au-
      topct=autopct, explode=[0.1, 0])
16    ax_dict['C'].set_title(label='婚姻状况占比分析', fontdict=fontdict,
      loc=loc, pad=pad)
17    ax_dict['D'].pie(x=d, labels=['本科及以上', '大学专科', '高中及以下'],
      colors=colors, autopct=autopct, explode=[0.1, 0, 0])
18    ax_dict['D'].set_title(label='学历占比分析', fontdict=fontdict, loc=
      loc, pad=pad)
19    ax_dict['E'].pie(x=e, labels=['一线', '二线', '三线及以下'], colors=
      colors, autopct=autopct, explode=[0.1, 0, 0])
20    ax_dict['E'].set_title(label='城市占比分析', fontdict=fontdict, loc=
      loc, pad=pad)
21    ax_dict['F'].pie(x=f, labels=['中', '高', '低'], colors=colors, au-
      topct=autopct, explode=[0.1, 0, 0])
22    ax_dict['F'].set_title(label='消费能力占比分析', fontdict=fontdict,
      loc=loc, pad=pad)
23    plt.show()
```

第 1 行代码用于导入 Matplotlib 模块的子模块 pyplot，并简写为 plt。Matplotlib 模块是一个专门用于绘制图表的第三方模块，可使用 "pip install matplotlib" 命令安装该模块。

第 2 行代码用于将默认的绘图字体设置成 "微软雅黑"。这是因为 Matplotlib 模块的默认绘图字体是英文字体，不支持显示中文字符，所以需要将该字体设置成中文字体。这里的 "Microsoft YaHei" 是 "微软雅黑" 的英文名称。其他常用中文字体的英文名称如下："宋体" 为 "SimSun"，"楷体" 为 "KaiTi"，"仿宋" 为 "FangSong"，"黑体" 为 "SimHei"。

第 3 行代码用于解决绘图时不能正确显示负号的问题。

第 4 行代码使用 figure() 函数创建了一张空白画布，参数 figsize 用于设置画布的宽度和高度（单位：英寸），读者可根据实际需求修改画布的尺寸。

第 5 行代码定义了一个列表，列表中的元素是用内容为浮点型数字的字符串表示的灰度颜色，后续代码中将使用该列表设置饼图的填充颜色。

技巧

Matplotlib 模块支持多种格式的颜色，常用的格式有以下几种：

• 用内容为浮点型数字的字符串表示的灰度颜色，如 '0.6'，数值的取值范围为 0.0～1.0，数值越接近 0.0，颜色越接近黑色，数值越接近 1.0，颜色越接近白色；

• 8 种基本颜色的英文简写，包括 'r'（红色）、'g'（绿色）、'b'（蓝色）、'c'（青色）、'm'（洋红色）、'y'（黄色）、'k'（黑色）、'w'（白色）；

• X11／CSS4 颜色，这是预先定义的一系列颜色名称，如 'black'、'green'、'red'、'aqua'、'blueviolet'，感兴趣的读者可利用搜索引擎做进一步了解；

• RGB 颜色元组，但需将每个整数除以 255，例如，(51, 255, 0) 要写成 (0.2, 1.0, 0.0)；

• 十六进制颜色码，如 '#33FF00' 或 '#33ff00'。

第 6 行代码定义的字符串将在后续代码中用于设置饼图块所占百分比的数字格式。

第 7～9 行代码定义的变量将在后续代码中用于设置图表标题的格式。

第 10 行代码使用 subplot_mosaic() 函数将画布划分成 2 行 3 列，并为每个区域添加标签，效果如图 4-17 所示。

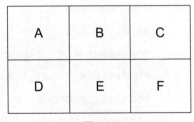

图 4-17

第 11 行代码使用 pie() 函数在区域 A 的坐标系中绘制饼图。其中，参数 x 用于指定饼图块的数据系列值；参数 labels 用于设置各个饼图块的数据标签内容；参数 colors 用于设置各个饼图块的填充颜色；参数 autopct 用于设置各个饼图块所占百分比的数字格式；参数 explode 用于设置各个饼图块与圆心的距离，其值通常是一个长度与饼图块数量相同的列表。

第 12 行代码使用 set_title() 函数设置图表标题。其中，参数 label 用于设置标题的文本内容；参数 fontdict 用于设置标题的字体格式，参数值为一个字典，字典的键和值分别是字体格式的属性名和属性值；参数 loc 用于设置标题与图表的对齐方式，可取的值有 'left'（靠左对齐）、'center'（居中对齐）、'right'（靠右对齐）；参数 pad 用于设置标题与图表的距离。

第 13 ～ 22 行代码的功能与第 11、12 行代码类似，故不再赘述。

第 23 行代码使用 show() 函数在窗口中显示绘制的图表。

代码运行结果如图 4-18 所示。

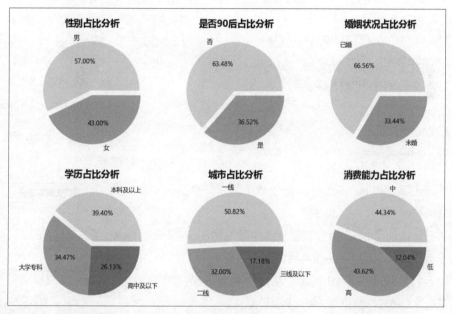

图 4-18

4.4.3　绘制饼图分析用户流失率

先使用 value_counts() 函数统计用户流失数据，相应代码如下：

```
1   g = data['是否流失'].value_counts()
2   print(g)
```

代码运行结果如下，可知未流失的用户有 744 人，已流失的用户有 228 人。

```
1   是否流失
2   否      744
3   是      228
4   Name: count, dtype: int64
```

随后同样通过绘制饼图来直观地查看用户流失率，相应代码如下：

```
1   fig, ax = plt.subplots(figsize=(5, 5))
2   ax.pie(x=g, labels=['未流失', '已流失'], colors=colors, autopct=au-
    topct, explode=[0.1, 0])
3   ax.set_title(label='用户流失率分析', fontdict=fontdict, loc=loc,
    pad=pad)
4   plt.show()
```

第 1 行代码使用 subplots() 函数创建了带有一个坐标系的空白画布。

第 2 行代码使用 pie() 函数在坐标系中绘制饼图。

第 3 行代码使用 set_title() 函数设置图表标题。

代码运行结果如图 4-19 所示。从图中可以看出，用户流失率达 23.46%，接近 25%，应给予重视。

图 4-19

4.4.4 绘制柱形图分析不同属性用户的流失情况

下面结合使用 Matplotlib 模块和 seaborn 模块绘制柱形图，以对比分析不同属性用户的流失情况。相应代码如下：

```
1    import seaborn as sns
2    ax_labels = 'ABCDEF'
3    col_names = ['性别', '是否90后', '婚姻状况', '学历', '城市', '消费能力']
4    hue = '是否流失'
5    palette = ['0.4', '0.8']
6    fig = plt.figure(figsize=(18, 10))
7    ax_dict = fig.subplot_mosaic('ABC;DEF')
8    for ax_label, col_name in zip(ax_labels, col_names):
9        sns.countplot(data=data, x=col_name, hue=hue, palette=palette,
         ax=ax_dict[ax_label])
10       ax_dict[ax_label].set_ylabel(ylabel=None)
11   plt.show()
```

第 1 行代码用于导入 seaborn 模块并简写为 sns。seaborn 模块基于 Matplotlib 模块开发，能以更简单快捷的方式制作出更美观的数据可视化效果。该模块的安装命令为 "pip install seaborn"。

第 2 行代码定义的字符串代表各子图区域的标签。

第 3 行代码定义的列表代表要绘制成图表的 6 个属性数据的列标签。

第 4 行代码定义的字符串代表用于进一步细分数据类别的列标签。

第 5 行代码定义的列表代表柱形图的填充颜色。

第 6 行代码用于创建一张空白画布。

第 7 行代码用于将画布划分成 2 行 3 列共 6 个子图区域，并为每个区域添加标签。

第 8 行代码构造了一个循环，并利用 zip() 函数将第 2 行代码定义的区域标签和第 3 行代码定义的列标签一一配对，此时变量 ax_label 代表某个区域的标签，变量 col_name 则代表该区域中的图表对应的属性数据的列标签。

第 9 行代码使用 seaborn 模块中的 countplot() 函数绘制计数柱形图，即以柱形图展示每个分类数据的数量。其中，参数 data 用于设置绘图的数据集；参数 x 表示绘制 x 轴上的柱形图，按 x 标签分类统计个数，如果要绘制 y 轴上的条形图，可将参数 x 改为参数 y；参数 hue 用于设置按 x 或 y 标签分类的同时，进一步细分数据类别的标签；参数 palette 用于设置柱形图的填充颜色；参数 ax 用于设置柱形图所在的子图区域。

第 10 行代码使用 set_ylabel() 函数设置图表的 y 轴标题，其中参数 ylabel=None 表示不显示 y 轴标题。

代码运行结果如图 4-20 所示。运营者可以从图表中了解不同性别、年龄、婚姻状况、学历、城市、消费能力的用户的流失情况，从而改进运营策略，以降低用户的流失率。

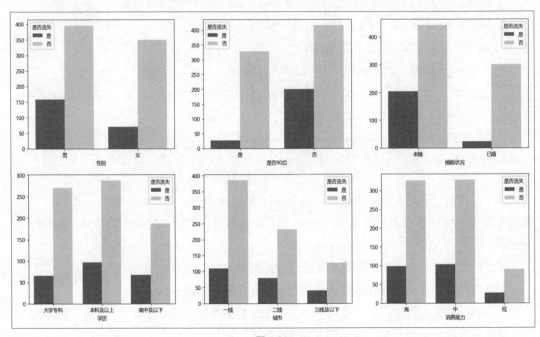

图 4-20

第 **5** 章
视频的导入和导出

前几章学习了 Python 的基础语法知识、数据的爬取和分析知识，从本章开始将进入短视频后期制作的学习。

本章将讲解如何通过编写 Python 代码来导入和导出视频，包括视频格式的转换、将视频导出为图片、用图片合成视频等。在开始阅读之前，请读者确认已经按照 1.2.2 节讲解的方法安装了 MoviePy 模块。

5.1 读取视频并转换格式

◎ 素材文件：实例文件 \ 05 \ 5.1 \ 海鸥.mov
◎ 代码文件：实例文件 \ 05 \ 5.1 \ 读取视频并转换格式.ipynb

◎ 应用场景

 我制作了一段 MOV 格式的视频，准备将它上传到一个视频平台。由于这个平台不支持 MOV 格式，我需要将视频转换成该平台支持的格式，如 MP4 格式。牛老师，能否通过编写 Python 代码转换视频的格式呢？

 当然可以，而且代码也比较简单。只需要先读取要转换格式的视频，然后将其以指定格式导出即可。

◎ 实现代码

```
1   from moviepy.editor import VideoFileClip  # 从MoviePy模块的editor子
    模块中导入VideoFileClip类
2   video_clip = VideoFileClip('海鸥.mov')  # 读取要转换格式的视频
3   video_clip.write_videofile('海鸥.mp4', audio=False)  # 将视频导出为
    MP4格式
```

◎ 代码解析

第 1 行代码用于从 MoviePy 模块的 editor 子模块中导入 VideoFileClip 类。

第 2 行代码使用 VideoFileClip 类读取要转换格式的视频文件"海鸥.mov"，读者可根据实际需求修改文件路径。这里使用的文件路径是相对路径，也可以使用绝对路径，相关知识见 3.1.3 节，以下不再一一解释。

第 3 行代码将读取的视频以 MP4 格式导出到当前工作目录下，文件名为"海鸥.mp4"，读者可根据实际需求修改文件路径。其中，write_videofile() 函数的参数 audio 设置为 False，表示仅导出视频画面，不导出视频中的音频。

◎ 知识延伸

（1）第 2 行代码中的 VideoFileClip 类用于读取视频文件，其常用语法格式如下，各参数的说明见表 5-1。

```
VideoFileClip(filename, audio=True, target_resolution=None)
```

表 5-1

参数	说明
filename	指定要读取的视频文件的路径，支持 MP4、MOV、MPEG、AVI、FLV 等视频格式
audio	指定是否读取视频中的音频部分。设置为 True（默认值）时表示读取音频，设置为 False 时表示不读取音频
target_resolution	如果读取视频时需要更改画面尺寸，可通过该参数指定帧高度和帧宽度。参数值为一个含有两个元素的列表或元组，两个元素分别为帧高度和帧宽度。如果不需要更改视频的画面尺寸，则省略此参数

（2）第 3 行代码中的 write_videofile() 函数用于导出视频文件，其常用语法格式如下，各参数的说明见表 5-2。

```
write_videofile(filename, fps=None, codec=None, audio=True)
```

表 5-2

参数	说明
filename	指定导出文件的路径，支持 MP4、MOV、MPEG、AVI、FLV 等格式
fps	指定帧率（每秒编码的帧数）。帧率会影响视频画面的流畅度：帧率越大，画面看起来越流畅；帧率越小，画面越容易呈现跳动感
codec	指定视频文件的编解码器。如果参数 filename 给出的路径中文件扩展名为 ".mp4" ".ogv" ".webm"，会自动选择编解码器。对于其他文件扩展名，则需要手动指定对应的编解码器
audio	设置为 True（默认值）时表示导出视频时也导出音频，设置为 False 时表示导出视频时不导出音频

◎ 运行结果

运行本案例的代码后，可以在当前工作目录下看到转换格式得到的视频文件"海鸥.mp4"，如图 5-1 所示。

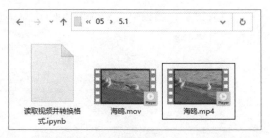

图 5-1

5.2 批量转换视频格式

◎ 素材文件：实例文件＼05＼5.2＼原始视频素材（文件夹）
◎ 代码文件：实例文件＼05＼5.2＼批量转换视频格式.ipynb

◎ 应用场景

 我在一个文件夹下存放了多个不同格式的视频文件，现在需要将它们都转换成 MP4 格式。如果用上一节介绍的方法，每转换一个文件就要修改一次代码中的文件路径，比较烦琐。牛老师，有没有批量转换的方法呢？

 可以结合使用 for 语句和 pathlib 模块构造循环，遍历指定文件夹，依次读取视频并进行格式转换，就能快速达到目的。

◎ 实现代码

```
1  from pathlib import Path  # 导入pathlib模块中的Path类
2  from shutil import copy  # 导入shutil模块中的copy()函数
3  from moviepy.editor import VideoFileClip  # 从MoviePy模块的editor子
   模块中导入VideoFileClip类
4  src_folder = Path('原始视频素材')  # 指定来源文件夹（用于存放要转换格
   式的视频文件）的路径
```

```
5    des_folder = Path('转换格式后的视频')  # 指定目标文件夹（用于存放转换
     格式后的视频文件）的路径
6    if not des_folder.exists():  # 如果目标文件夹不存在
7        des_folder.mkdir(parents=True)  # 创建目标文件夹
8    for i in src_folder.glob('*'):  # 遍历来源文件夹
9        if i.is_file():  # 当遍历到的路径指向一个文件时才执行后续操作
10           if i.suffix.lower() != '.mp4':  # 当文件扩展名不为".mp4"时
                 进行格式转换
11               video_clip = VideoFileClip(str(i))  # 读取该文件
12               new_file = des_folder / (i.stem + '.mp4')  # 构造转换视
                 频格式后的文件的路径
13               video_clip.write_videofile(str(new_file))  # 导出转换格
                 式后的视频
14           else:
15               copy(i, des_folder)  # 否则直接将文件复制到目标文件夹
```

◎ 代码解析

第 1 行代码用于导入 pathlib 模块中的 Path 类。pathlib 模块是 Python 的内置模块，主要用于完成文件和文件夹路径的相关操作。

第 2 行代码用于导入 shutil 模块中的 copy() 函数。shutil 模块也是 Python 的内置模块，它提供的函数可以对文件和文件夹进行复制、移动等操作。

第 3 行代码用于从 MoviePy 模块的 editor 子模块中导入 VideoFileClip 类。

第 4、5 行代码分别用于指定来源文件夹和目标文件夹的路径，读者可根据实际需求修改路径。

目标文件夹必须真实存在，否则导出文件时会报错。第 6、7 行代码表示如果第 5 行代码指定的目标文件夹不存在，就创建该文件夹。

第 8 行代码结合使用 for 语句和路径对象的 glob() 函数遍历来源文件夹的内容，此时变量 i 代表来源文件夹下的一个文件或一个子文件夹的路径。

变量 i 代表的可能是文件，也可能是文件夹，而只有文件才是本案例的操作对象。因此，

这里用第 9 行代码判断变量 i 是否指向文件，如果是文件，才继续往下执行。

当变量 i 代表的是文件时，还要按扩展名是否为 ".mp4" 分别做不同的处理。第 10 行代码用于判断文件的扩展名是否为 ".mp4"。如果不是 ".mp4"，则执行第 11～13 行代码，读取文件并导出为 MP4 格式，存放到目标文件夹下。如果是 ".mp4"，则执行第 15 行代码，直接将文件复制到目标文件夹。

◎ 知识延伸

（1）第 1 行代码中导入的 Path 类代表操作系统中文件夹和文件的路径。要使用 Path 类的功能，需先将其实例化为一个路径对象（第 4、5 行代码）。类、对象、实例化是面向对象编程中的概念，读者可以不必深究，只需记住代码的书写格式。

（2）第 6 行代码中的 exists() 函数是路径对象的函数，其功能是判断路径指向的文件或文件夹是否存在，存在时返回 True，不存在时返回 False。

（3）第 7 行代码中的 mkdir() 函数是路径对象的函数，其功能是按照指定的路径创建文件夹。参数 parents 设置为 True，表示自动创建多级文件夹。

（4）第 8 行代码中的 glob() 函数是路径对象的函数，其功能是查找名称符合指定规则的文件或子文件夹，并返回它们的路径。括号里的参数是查找条件，可在其中使用通配符来进行模糊查找："*" 用于匹配任意数量的（包括 0 个）任意字符；"?" 用于匹配单个任意字符；"[]" 用于匹配指定范围内的字符。如果不使用通配符，则表示进行精确查找。

（5）第 9 行代码中的 is_file() 函数用于判断路径是否指向文件，指向文件时返回 True，否则返回 False。与之对应的是 is_dir() 函数，用于判断路径是否指向文件夹。

（6）第 10、12 行代码中的 suffix 和 stem 是路径对象的属性，分别用于返回扩展名和主文件名。例如，文件名 "美丽的向日葵.mp4" 中的 ".mp4" 为扩展名，"美丽的向日葵" 为主文件名。如果要获取完整的文件名，可以使用 name 属性。

（7）第 12 行代码中的 "/" 是 pathlib 模块中用于拼接路径的运算符。演示代码如下：

```
1    from pathlib import Path
2    file_parent = Path('E:/实例文件/素材文件/05')
3    file_name = '美丽的向日葵.mp4'
4    file_path = file_parent / file_name
```

```
5    print(file_path)
```

运行结果如下：

```
1    E:\实例文件\素材文件\05\美丽的向日葵.mp4
```

（8）第 15 行代码中的 copy() 函数是 shutil 模块中的一个函数，用于将文件复制到指定的路径。该函数的语法格式如下，各参数的说明见表 5-3。

```
copy(src, dst)
```

表 5-3

参数	说明
src	指定要复制的文件的路径
dst	指定复制操作的目标路径。该路径必须真实存在，否则运行时会报错

◎ 运行结果

运行本案例的代码后，可在文件夹"转换格式后的视频"下看到批量转换格式得到的 MP4 文件，如图 5-2 所示。

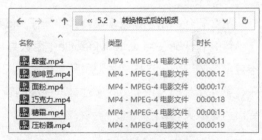

图 5-2

5.3 分别输出视频的画面和音频

◎ 素材文件：实例文件 \ 05 \ 5.3 \ 橙子.mp4
◎ 代码文件：实例文件 \ 05 \ 5.3 \ 分别输出视频的画面和音频.ipynb

◎ 应用场景

 牛老师，我想要将一段视频的画面部分与音频部分分别导出成不同的文件，用 Python 可以实现吗？

 可以实现。加载视频后，可以使用 write_videofile() 函数导出视频部分，使用 write_audiofile() 函数导出音频部分。

◎ 实现代码

```
1  from moviepy.editor import VideoFileClip  # 从MoviePy模块的editor子
   模块中导入VideoFileClip类
2  video_clip = VideoFileClip('橙子.mp4')  # 读取视频文件
3  video_clip.write_videofile('橙子-画面.mp4', audio=False)  # 导出视频
   的画面部分
4  video_clip.audio.write_audiofile('橙子-音频.mp3')  # 导出视频的音频
   部分
```

◎ 代码解析

第 2 行代码用于读取视频文件"橙子.mp4"，读者可根据实际需求修改文件路径。

第 3 行代码使用 write_videofile() 函数导出视频，其中将参数 audio 设置为 False，表示不导出音频部分，这样就达到了只导出画面部分的目的。

第 4 行代码先用 audio 属性提取视频的音频部分，再用 write_audiofile() 函数将音频部分导出为音频文件。

◎ 知识延伸

（1）第 4 行代码中的 write_audiofile() 函数用于将音频剪辑的内容写入指定文件。该函数的语法格式如下，各参数的说明见表 5-4。

```
write_audiofile(filename, fps=None, nbytes=2, buffersize=2000,
codec=None, bitrate=None)
```

表 5-4

参数	说明
filename	指定输出音频文件的路径
fps	指定输出音频的帧率。如果省略，则使用原视频或原音频的帧率
nbytes	指定输出音频的采样位宽（位深度）。设置为 2（默认值）时表示输出 16 位音频，设置为 4 时表示输出 32 位音频
codec	指定输出音频的编解码器。如果省略，则根据参数 filename 给出的路径中的文件扩展名自动选择编解码器
bitrate	指定输出音频的比特率，以字符串的形式表示，如 '50k'、'500k'、'3000k'。比特率越大，输出的音频质量越高，占用的存储空间也越大

（2）音频部分的提取还可以使用如下代码：

```
1   from moviepy.editor import AudioFileClip  # 从MoviePy模块的editor子
    模块中导入AudioFileClip类
2   audio_clip = AudioFileClip('橙子.mp4')  # 读取视频文件的音频部分
3   audio_clip.write_audiofile('橙子-音频.mp3')  # 导出音频部分
```

第 2 行代码中的 AudioFileClip 类用于读取音频文件或视频文件的音频部分。其最常用的参数是 filename，用于指定要读取的文件的路径。

◎ 运行结果

运行本案例的代码后，可在当前工作目录下看到分别导出的视频文件"橙子-画面.mp4"和音频文件"橙子-音频.mp3"，如图 5-3 所示。

图 5-3

5.4 将视频画面导出为一系列图片

◎ 素材文件：实例文件 \ 05 \ 5.4 \ 海边航拍.mp4
◎ 代码文件：实例文件 \ 05 \ 5.4 \ 将视频画面导出为一系列图片.ipynb

◎ 应用场景

 牛老师，我想将一段视频的画面转换成一系列图片，如果一张一张地手动截图就太麻烦了，有没有更好的办法呢？

 视频画面实际上是由一系列静态图像组成的，每幅图像称为一帧。使用 MoviePy 模块的 write_images_sequence() 函数可以轻松地将视频的帧批量导出为静态图片。

◎ 实现代码

```
1    from pathlib import Path   # 导入pathlib模块中的Path类
2    from moviepy.editor import VideoFileClip   # 从MoviePy模块的editor子
     模块中导入VideoFileClip类
3    des_folder = Path('海边航拍')   # 指定目标文件夹（用于存放图片）的路径
4    if not des_folder.exists():   # 如果目标文件夹不存在
5        des_folder.mkdir(parents=True)   # 创建目标文件夹
6    video_clip = VideoFileClip('海边航拍.mp4')   # 读取视频文件
7    img_path = des_folder / '图片%03d.jpg'   # 构造导出图片文件的路径
8    video_clip.write_images_sequence(str(img_path), fps=3)   # 将视频画
     面导出为指定路径下的图片文件
```

◎ 代码解析

第 3～5 行代码用于指定和创建目标文件夹，导出的图片将存放在该文件夹下。

第 6 行代码用于读取要批量导出视频画面的视频文件"海边航拍.mp4"。

第 7 行代码用于构造导出图片文件的路径。路径中的"图片 %03d.jpg"代表图片文件名

的格式，可根据实际需求更改。其中"图片"和".jpg"是文件名中的固定部分，而"%03d"则是可变部分，运行时会依次变为 000、001、002……

第 8 行代码用于将视频画面每隔 3 帧导出为一张图片，存放在第 7 行代码构造的路径下。

◎ 知识延伸

（1）第 8 行代码中的 write_images_sequence() 函数用于将视频帧批量导出为静态图片。该函数的语法格式如下，各参数的说明见表 5-5。

```
write_images_sequence(nameformat, fps=None)
```

表 5-5

参数	说明
nameformat	指定图片的存储位置和文件名，在文件名中可以使用格式化字符串。例如，文件名"pic%03d.png"中的"pic"是文件名的开头；"%03d"是格式化字符串，代表 3 位的数字编号，如果将 3 更改为 2，则代表两位的数字编号；扩展名".png"代表图片的编码格式为 PNG
fps	指定每隔几帧就导出一张图片。例如，设置为 5 时表示每隔 5 帧就导出一张图片，设置为 10 时表示每隔 10 帧就导出一张图片

（2）第 7 行代码中的"%03d"是一个格式化字符串，用于将数字格式化成指定的位数。其中的 3 表示 3 位数字，当原数字的位数小于 3 时自动在前面补 0，当原数字的位数大于或等于 3 时不做改变。演示代码如下：

```
1    a = 3
2    b = 130
3    c = 1300
4    print('a = %03d' % a)
5    print('b = %03d' % b)
6    print('c = %03d' % c)
```

运行结果如下：

```
1    a = 003
2    b = 130
3    c = 1300
```

◎ 运行结果

运行本案例的代码后，可在文件夹"海边航拍"下看到从视频中导出的多张 JPG 格式的图片，如图 5-4 所示。

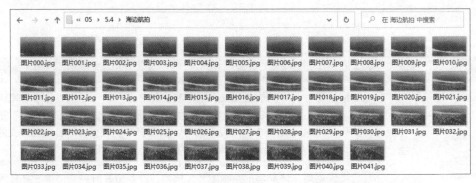

图 5-4

5.5   将指定时间点的视频画面导出为图片

◎ 素材文件：实例文件\05\5.5\扫地机器人.mp4
◎ 代码文件：实例文件\05\5.5\将指定时间点的视频画面导出为图片.ipynb

◎ 应用场景

 牛老师，上一个案例批量导出了多帧画面，如果我只想导出视频中某个时间点所对应的那一帧的画面，要怎么办呢？

 你的这个需求很常见，实现方法也很简单，使用 MoviePy 模块中的 save_frame() 函数就可以啦。

◎ 实现代码

```
1  from moviepy.editor import VideoFileClip  # 从MoviePy模块的editor子
   模块中导入VideoFileClip类
2  video_clip = VideoFileClip('扫地机器人.mp4')  # 读取视频文件
3  video_clip.save_frame('扫地机器人展示图.jpg', t=9.12)  # 将视频第
   9.12秒的画面导出为JPG格式的图片文件
```

◎ 代码解析

第 2 行代码用于读取要导出视频画面的视频文件"扫地机器人.mp4"。

第 3 行代码用于将第 9.12 秒的画面导出为图片"扫地机器人展示图.jpg"。

◎ 知识延伸

第 3 行代码中的 save_frame() 函数用于将视频中指定时间点的画面导出为指定格式的图片。该函数的语法格式如下，各参数的说明见表 5-6。

```
save_frame(filename, t)
```

表 5-6

参数	说明
filename	指定导出图片文件的路径，图片的格式由路径中的扩展名决定
t	指定导出图片的时间点，参数值有 4 种表示方式，分别是：①秒，为一个浮点型数字，如 17.15；②分和秒组成的元组，如 (1, 17.15)；③时、分、秒组成的元组，如 (0, 1, 17.15)；④用冒号分隔的时间字符串，如 '0:1:17.15'。当省略此参数时，默认导出第 1 帧画面

◎ 运行结果

视频文件"扫地机器人.mp4"第 9.12 秒的播放效果如图 5-5 所示，运行本案例的代码后生成的图片文件"扫地机器人展示图.jpg"如图 5-6 所示，可以看到两者的内容是一致的。

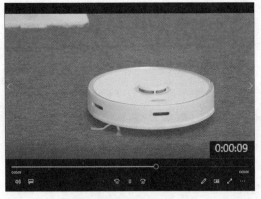

图 5-5

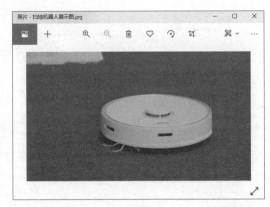

图 5-6

5.6 将视频导出为 GIF 动画

◎ 素材文件：实例文件＼05＼5.6＼猫咪.mov
◎ 代码文件：实例文件＼05＼5.6＼将视频导出为GIF动画.ipynb

◎ 应用场景

  牛老师，我在微信上聊天时经常看到小伙伴发一些用视频片段生成的 GIF 动画表情，您能不能教教我用 Python 制作这样的 GIF 动画呢？

  当然可以，方法也很简单。首先读取视频并截取所需的视频片段，然后用 write_gif() 函数将视频片段导出为 GIF 动画。

◎ 实现代码

```
1   from moviepy.editor import VideoFileClip  # 从MoviePy模块的editor子
    模块中导入VideoFileClip类
2   video_clip = VideoFileClip('猫咪.mov', target_resolution=(None,
    320))  # 读取视频文件
3   video_clip = video_clip.subclip(0, 2.10)  # 截取开头至2.10秒的片段
```

```
4    video_clip.write_gif('猫咪.gif', fps=8, loop=0)    # 将截取的片段导出
     为GIF动画
```

◎ 代码解析

第 2 行代码用于读取要导出为 GIF 动画的视频文件"猫咪.mov",并适当缩小视频的画面尺寸。

第 3 行代码用于截取视频开头至第 2.10 秒的片段。

第 4 行代码用于将截取的视频片段导出为 GIF 动画"猫咪.gif",动画的帧率为 8,并且永久循环播放。

◎ 知识延伸

(1)为便于在网络上传输,GIF 动画的画面尺寸通常较小。因此,第 2 行代码在读取视频文件时通过参数 target_resolution 将视频的画面尺寸更改为较小的值。参数值 (None, 320) 表示将帧宽度设置为 320 像素,并根据视频的原始宽高比自动计算帧高度。

(2)第 3 行代码中的 subclip() 函数将在第 6 章进行详细介绍。

(3)第 4 行代码中的 write_gif() 函数用于将视频导出为 GIF 动画。该函数的语法格式如下,各参数的说明见表 5-7。

```
write_gif(filename, fps=None, loop=0)
```

表 5-7

参数	说明
filename	指定导出 GIF 动画的文件路径
fps	指定 GIF 动画的帧率。如果省略该参数,则使用视频的帧率。帧率越高,动画效果越流畅,但是文件也越大。为了控制文件的大小,GIF 动画的帧率没有必要设置得很高,一般不会超过 15
loop	指定 GIF 动画循环播放的次数。设置为 0(默认值)时表示永久循环播放,设置为大于 0 的整数时则表示循环播放指定的次数后就停止播放

◎ 运行结果

视频文件"猫咪.mov"的播放效果如图 5-7 所示，运行本案例的代码后生成的 GIF 动画"猫咪.gif"的播放效果如图 5-8 所示。

图 5-7

图 5-8

5.7 用多张图片合成视频

◎ 素材文件：实例文件\05\5.7\商品实拍图（文件夹）
◎ 代码文件：实例文件\05\5.7\用多张图片合成视频.ipynb

◎ 应用场景

小新　牛老师，我有多张商品实拍图片，能不能用 Python 把这些图片快速合成为一个商品展示视频呢？

大牛　你的想法不错，在网店中用动态的视频来展示商品的确比静态的图片更能吸引眼球。下面我就教你用 MoviePy 模块中的 ImageSequenceClip 类将多张图片合成为视频。

◎ 实现代码

```
1    from pathlib import Path  # 导入pathlib模块中的Path类
```

```
2   from moviepy.editor import ImageSequenceClip  # 从MoviePy模块的edi-
    tor子模块中导入ImageSequenceClip类
3   src_folder = Path('商品实拍图')   # 指定来源文件夹（用于存放合成视频的
    图片）的路径
4   img_list = [str(i) for i in src_folder.glob('*.jpg')]  # 获取来源文
    件夹下所有JPG格式图片的路径列表
5   img_num = len(img_list)  # 统计路径列表中图片的数量
6   duration_list = [3] * img_num  # 设置每张图片在视频中显示的时长
7   video_clip = ImageSequenceClip(img_list, durations=duration_list)  # 将
    多张图片合成为视频
8   video_clip.write_videofile('商品展示视频.mp4', fps=25)  # 导出视频
```

◎ 代码解析

第 2 行代码用于从 MoviePy 模块的 editor 子模块中导入 ImageSequenceClip 类。

第 3 行代码用于指定来源文件夹（用于存放合成视频的图片）的路径。

第 4 行代码用于在来源文件夹下查找所有扩展名为 ".jpg" 的图片文件，并将查找到的图片文件的路径转换为一个列表。

第 5 行代码用于统计第 4 行代码所得列表的元素个数，即来源文件夹中 JPG 格式图片的数量。

第 6 行代码用于生成一个列表，该列表的每个元素值都为 3，元素个数为来源文件夹中 JPG 格式图片的数量，表示每张图片在视频中显示的时长为 3 秒。读者可根据实际需求将 3 修改为其他数值，也可手动创建列表，为每张图片分别指定不同的时长，如 [3, 1, 4, 2, 5]（列表的元素个数需与图片的数量相同）。

第 7 行代码用于将路径列表中的图片合成为一个视频。

第 8 行代码用于将合成的视频导出为文件 "商品展示视频.mp4"。

◎ 知识延伸

（1）第 4 行代码使用列表推导式来快速创建列表，相关知识见 3.3.1 节。

（2）第 5 行代码中的 len() 函数用于统计列表的元素个数（详见 1.5.1 节），第 6 行代码

中的运算符"*"则用于复制列表元素。假设来源文件夹中有 5 张图片，那么路径列表 img_list 中就有 5 个路径，len(img_list) 会返回 5，即变量 img_num 的值为 5，则 [3] * img_num 会得到列表 [3, 3, 3, 3, 3]。

（3）第 7 行代码中的 ImageSequenceClip 类用于将多张图片合成为一个视频文件，其常用语法格式如下，各参数的说明见表 5-8。

```
ImageSequenceClip(sequence, durations=None)
```

表 5-8

参数	说明
sequence	指定用于合成视频的多张图片（图片的尺寸要一致）。如果参数值是字符串，则这个字符串需代表图片所在文件夹的路径；如果参数值是列表，则列表的元素为各张图片的路径字符串
durations	传入一个列表，用于指定每张图片在视频中显示的时长，列表的元素个数需与图片的张数一致。可以为每张图片分别指定不同的时长，如 [3, 1, 4, 2, 5]

◎ 运行结果

文件夹"商品实拍图"下的多张素材图片如图 5-9 所示。运行本案例的代码后，播放生成的视频文件"商品展示视频.mp4"，效果如图 5-10 所示。

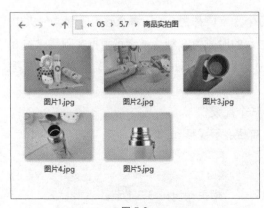

图 5-9

图 5-10

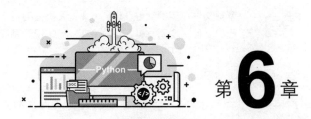

第 **6** 章

视频的剪辑

　　视频剪辑是短视频制作中非常重要但也较为烦琐的工作之一,当需要处理大量的视频素材时,剪辑的工作会尤为繁重。借助 Python 不仅可以完成基础的视频剪辑工作,还可以快速完成视频的批量剪辑。本章将详细介绍如何通过编写 Python 代码完成多种视频剪辑任务,如翻转和旋转视频画面、调整视频画面的尺寸、为视频画面添加边框、截取视频片段等。

6.1 翻转视频画面

◎ 素材文件：实例文件＼06＼6.1＼天桥上的行人.mp4
◎ 代码文件：实例文件＼06＼6.1＼翻转视频画面.ipynb

◎ 应用场景

 牛老师，视频画面中的人物原来是朝左行走的，我想让人物朝右行走，应该怎么办呢？

 使用 MoviePy 模块的 mirror_x() 函数将视频画面做水平翻转就可以了。此外，如果要将画面做垂直翻转，可以使用 mirror_y() 函数。

◎ 实现代码

```
1  from moviepy.editor import VideoFileClip  # 从MoviePy模块的editor子
   模块中导入VideoFileClip类
2  from moviepy.video.fx.all import mirror_x, mirror_y  # 从MoviePy模块
   的video.fx.all子模块中导入mirror_x()函数和mirror_y()函数
3  video_clip = VideoFileClip('天桥上的行人.mp4')  # 读取视频
4  new_clip1 = mirror_x(video_clip)  # 水平翻转视频画面
5  new_clip1.write_videofile('天桥上的行人1.mp4')  # 导出水平翻转后的视频
6  new_clip2 = mirror_y(video_clip)  # 垂直翻转视频画面
7  new_clip2.write_videofile('天桥上的行人2.mp4')  # 导出垂直翻转后的视频
```

◎ 代码解析

第 2 行代码用于从 MoviePy 模块的 video.fx.all 子模块中导入 mirror_x() 函数和 mirror_y() 函数。

第 3 行代码用于读取要翻转画面的视频文件"天桥上的行人.mp4"。

第 4、5 行代码用于对视频画面进行水平翻转并导出翻转后的视频。

第 6、7 行代码用于对视频画面进行垂直翻转并导出翻转后的视频。

◎ 知识延伸

mirror_x() 函数和 mirror_y() 函数都只有一个常用参数，即要翻转画面的视频文件。

◎ 运行结果

视频文件"天桥上的行人.mp4"的播放
效果如图 6-1 所示。运行本案例的代码后，播
放生成的视频文件"天桥上的行人1.mp4"和
"天桥上的行人2.mp4"，即可看到水平翻转
画面和垂直翻转画面的效果，分别如图 6-2
和图 6-3 所示。

图 6-1

图 6-2

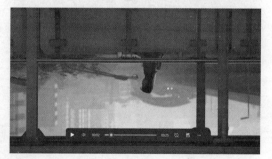

图 6-3

6.2 旋转视频画面

◎ 素材文件：实例文件 \ 06 \ 6.2 \ 冰川湖泊.mp4
◎ 代码文件：实例文件 \ 06 \ 6.2 \ 旋转视频画面.ipynb

◎ 应用场景

牛老师，我用手机拍了一段视频，拍的时候是横屏的，但在计算机上播放
却是竖屏显示。能不能用 Python 把画面旋转至正常呢？

> 大牛　当然可以。使用 MoviePy 模块提供的 rotate() 函数，就能将视频画面旋转任意角度。

◎ 实现代码

```
1  from moviepy.editor import VideoFileClip  # 从MoviePy模块的editor子
   模块中导入VideoFileClip类
2  video_clip = VideoFileClip('冰川湖泊.mp4')  # 读取视频
3  new_clip = video_clip.rotate(angle=90)  # 将视频画面逆时针旋转90°
4  new_clip.write_videofile('冰川湖泊1.mp4')  # 导出旋转后的视频
```

◎ 代码解析

第 2 行代码用于读取要旋转画面的视频文件"冰川湖泊.mp4"。

第 3 行代码使用 rotate() 函数将视频画面逆时针旋转 90°。读者可以按照"知识延伸"中的讲解修改 rotate() 函数的参数值。

第 4 行代码用于导出旋转后的视频。

◎ 知识延伸

rotate() 函数的常用语法格式如下，各参数的说明见表 6-1。

```
rotate(angle, unit='deg')
```

表 6-1

参数	说明
angle	指定旋转的量。正数表示逆时针旋转，负数表示顺时针旋转
unit	指定参数 angle 的值的单位。设置为 'deg'（默认值）时表示角度，设置为 'rad' 时表示弧度

◎ 运行结果

视频文件"冰川湖泊.mp4"的播放效果如图 6-4 所示。运行本案例的代码后，播放生成的视频文件"冰川湖泊1.mp4"，可看到旋转视频画面后的效果，如图 6-5 所示。

图 6-4

图 6-5

6.3　裁剪视频画面

◎ 素材文件：实例文件＼06＼6.3＼勤劳的蜜蜂.mp4
◎ 代码文件：实例文件＼06＼6.3＼裁剪视频画面.ipynb

◎ 应用场景

牛老师，有时为了抓拍稍纵即逝的美景，会来不及考虑画面的构图，有没有办法补救呢？

可以在后期处理时对视频画面进行适当裁剪，进行二次构图。使用 Movie-Py 模块中的 crop() 函数就能完成这项任务。

◎ 实现代码

```
1  from moviepy.editor import VideoFileClip  # 从MoviePy模块的editor子
   模块中导入VideoFileClip类
2  from moviepy.video.fx.all import crop  # 从MoviePy模块的video.fx.
   all子模块中导入crop()函数
3  video_clip = VideoFileClip('勤劳的蜜蜂.mp4')  # 读取视频文件
4  new_video = crop(video_clip, x1=500, y1=70, x2=2480, y2=1280)  # 裁
   剪视频画面
```

```
5    new_video.write_videofile('勤劳的蜜蜂1.mp4')  # 导出裁剪画面后的视频
```

◎ 代码解析

第 2 行代码用于从 MoviePy 模块的 video.fx.all 子模块中导入 crop() 函数。

第 3 行代码用于读取要裁剪画面的视频文件"勤劳的蜜蜂.mp4"。

第 4 行代码用于裁剪视频画面，保留通过两组坐标值确定的矩形区域。

第 5 行代码用于导出裁剪画面后的视频。

◎ 知识延伸

第 4 行代码中的 crop() 函数用于裁剪视频画面，保留指定的矩形区域（以下称为裁剪框）。该函数的常用语法格式如下，各参数的说明见表 6-2。

```
crop(clip, x1=None, y1=None, x2=None, y2=None, width=None, height=None, x_center=None, y_center=None)
```

表 6-2

参数	说明
clip	指定要裁剪画面的视频文件
x1、y1	指定裁剪框左上角的 x 坐标和 y 坐标
x2、y2	指定裁剪框右下角的 x 坐标和 y 坐标
width、height	指定裁剪框的宽度和高度
x_center、y_center	指定裁剪框中心点的 x 坐标和 y 坐标

参数中的坐标值以画面的左上角为原点。编写代码时可以只给出一部分参数值，crop() 函数能根据给出的参数值计算出裁剪框的坐标。下面举例说明。

（1）crop(clip, x1=50, y1=60, x2=460, y2=276)：裁剪框左上角和右下角的坐标分别为 (50, 60) 和 (460, 276)。

（2）crop(clip, width=60, height=160, x_center=300, y_center=400)：裁剪框的宽度为 60 像素，高度为 160 像素，中心点坐标为 (300, 400)。相当于裁剪框左上角和右下角的坐标

分别为 (270, 320) 和 (330, 480)。

（3）crop(clip, y1=30)：裁剪框左上角的坐标为 (0, 30)，右下角的坐标为 (帧宽度，帧高度)。相当于移除 y 坐标 30 像素上方的部分。

（4）crop(clip, x1=10, width=200)：裁剪框左上角的坐标为 (10, 0)，右下角的坐标为 (210, 帧高度)。

（5）crop(clip, y1=100, y2=600, width=400, x_center=300)：裁剪框左上角的坐标为 (100, 100)，右下角的坐标为 (500, 600)。

可以借助 Photoshop 中的标尺和选区工具确定裁剪框的坐标和尺寸等数据。此外，传入的坐标值必须是偶数，否则可能会导致裁剪后的视频无法播放。

◎ 运行结果

视频文件"勤劳的蜜蜂.mp4"的播放效果如图 6-6 所示。运行本案例的代码后，播放生成的视频文件"勤劳的蜜蜂1.mp4"，可看到裁剪后的画面突出了要表现的主体对象——蜜蜂，如图 6-7 所示。

图 6-6　　　　　　　　　　　　　　　　　图 6-7

6.4　调整视频的画面尺寸

◎ 素材文件：实例文件 \ 06 \ 6.4 \ 调整尺寸前（文件夹）
◎ 代码文件：实例文件 \ 06 \ 6.4 \ 调整视频的画面尺寸.ipynb

◎ 应用场景

 我有一批画面尺寸为 3840 像素 ×2160 像素的超高清视频，现在需要按照视频平台的要求将这些视频的画面尺寸更改为 1920 像素 ×1080 像素，也就是说帧宽度和帧高度均变为原来的一半。牛老师，这项任务可以通过编写 Python 代码来批量完成吗？

 使用 MoviePy 模块中的 resize() 函数可以调整视频的画面尺寸，再利用 for 语句构造循环，就能实现画面尺寸的批量更改。

◎ 实现代码

```
1   from pathlib import Path  # 导入pathlib模块中的Path类
2   from moviepy.editor import VideoFileClip  # 从MoviePy模块的editor子
    模块中导入VideoFileClip类
3   from moviepy.video.fx.all import resize  # 从MoviePy模块的video.fx.
    all子模块中导入resize()函数
4   src_folder = Path('调整尺寸前')  # 指定来源文件夹（用于存放要处理的视
    频文件）的路径
5   des_folder = Path('调整尺寸后')  # 指定目标文件夹（用于存放处理后的视
    频文件）的路径
6   if not des_folder.exists():  # 如果目标文件夹不存在
7       des_folder.mkdir(parents=True)  # 创建目标文件夹
8   for i in src_folder.glob('*'):  # 遍历来源文件夹
9       if i.is_file():  # 当遍历到的路径指向一个文件时才执行后续操作
10          video_clip = VideoFileClip(str(i))  # 读取要处理的视频
11          new_clip = resize(video_clip, newsize=0.5)  # 将视频的画面尺
            寸更改为原来的50%
12          new_file = des_folder / i.name  # 构造处理后的文件的路径
13          new_clip.write_videofile(str(new_file))  # 导出视频
```

◎ 代码解析

第 3 行代码用于从 MoviePy 模块的 video.fx.all 子模块中导入 resize() 函数。

第 11 行代码使用 resize() 函数将视频的帧宽度和帧高度更改为原来的 50%。读者可以按照"知识延伸"中的讲解修改 resize() 函数的参数值。

其余代码的含义与 5.2 节的案例类似，这里不再赘述。

◎ 知识延伸

（1）在使用 resize() 函数前，需要安装好 3 个第三方模块的其中之一：OpenCV 模块，安装命令为"pip install opencv-python"；SciPy 模块，安装命令为"pip install scipy"；Pillow 模块，安装命令为"pip install pillow"。

（2）resize() 函数的常用语法格式如下，各参数的说明见表 6-3。

```
resize(clip, newsize=None, height=None, width=None)
```

表 6-3

参数	说明
clip	指定要调整画面尺寸的视频文件
newsize	该参数的值有两种类型：① 一个数字，代表帧高度和帧宽度的缩放比例，如 0.5 或 2，小于 1 的数字会缩小帧高度和帧宽度，大于 1 的数字会增大帧高度和帧宽度；② 一个含有两个元素的列表或元组，两个元素分别代表新的帧宽度和帧高度，例如，(1000, 360) 表示将帧宽度和帧高度分别设置为 1000 像素和 360 像素
height、width	指定新的帧高度和帧宽度。通常只需要给出其中一个参数，resize() 函数会根据原始宽高比自动计算另一个参数。如果同时给出这两个参数，则 width 会被忽略。如果已经给出 newsize，则这两个参数均会被忽略

（3）更改视频画面尺寸的另一种方法是在使用 VideoFileClip 类读取视频文件时设置参数 target_resolution 的值。该参数的说明见 5.1 节的"知识延伸"，这里不再赘述。

◎ 运行结果

文件夹"调整尺寸前"中的视频文件的信息如图 6-8 所示，可以看到帧宽度和帧高度的具体数值。运行本案例的代码后，在文件夹"调整尺寸后"中查看处理后的视频文件的信息，如图 6-9 所示，可以看到所有视频文件的帧宽度和帧高度已按要求更改。

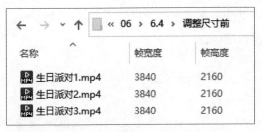

名称	帧宽度	帧高度
生日派对1.mp4	3840	2160
生日派对2.mp4	3840	2160
生日派对3.mp4	3840	2160

图 6-8

名称	帧宽度	帧高度
生日派对1.mp4	1920	1080
生日派对2.mp4	1920	1080
生日派对3.mp4	1920	1080

图 6-9

6.5 为视频画面添加边框

◎ 素材文件：实例文件＼06＼6.5＼添加边框前（文件夹）
◎ 代码文件：实例文件＼06＼6.5＼为视频画面添加边框.ipynb

◎ 应用场景

我想为一批视频文件的画面添加边框，以提高画面构图的整体美感，用 Python 能不能做到呢？

使用 MoviePy 模块中的 margin() 函数可以轻松地为视频画面添加边框，而且可以灵活地自定义边框的位置、粗细和颜色。

◎ 实现代码

```
1  from pathlib import Path  # 导入pathlib模块中的Path类
2  from moviepy.editor import VideoFileClip  # 从MoviePy模块的editor子
   模块中导入VideoFileClip类
3  from moviepy.video.fx.all import margin  # 从MoviePy模块的video.fx.
   all子模块中导入margin()函数
4  src_folder = Path('添加边框前')  # 指定来源文件夹的路径
```

```
5    des_folder = Path('添加边框后')  # 指定目标文件夹的路径
6    if not des_folder.exists():  # 如果目标文件夹不存在
7        des_folder.mkdir(parents=True)  # 创建目标文件夹
8    for i in src_folder.glob('*'):  # 遍历来源文件夹
9        if i.is_file():  # 当遍历到的路径指向一个文件时才执行后续操作
10           video_clip = VideoFileClip(str(i))  # 读取要处理的视频
11           new_clip = margin(video_clip, mar=60, color=(255, 255,
             255))  # 在视频画面四周添加粗细值为60像素的白色边框
12           new_file = des_folder / i.name  # 构造处理后的文件的路径
13           new_clip.write_videofile(str(new_file))  # 导出视频
```

◎ 代码解析

第 3 行代码用于从 MoviePy 模块的 video.fx.all 子模块中导入 margin() 函数。

第 11 行代码使用 margin() 函数在视频画面四周添加粗细值为 60 像素的白色边框。读者可以按照"知识延伸"中的讲解修改 margin() 函数的参数值。

其余代码的含义与 5.2 节的案例类似，这里不再赘述。

◎ 知识延伸

（1）margin() 函数的常用语法格式如下，各参数的说明见表 6-4。

```
margin(clip, mar=None, left=0, right=0, top=0, bottom=0, color=(0, 0, 0))
```

表 6-4

参数	说明
clip	指定要添加边框的视频文件
mar	统一指定所有边框的粗细值（单位：像素）
left、right、top、bottom	分别指定左、右、顶、底的边框粗细值（单位：像素）。如果已经给出了 mar，则这 4 个参数会被忽略
color	指定边框颜色的 RGB 值，默认值 (0, 0, 0) 代表黑色

（2）margin() 函数是在原视频画面的外围添加边框，这意味着添加边框后画面尺寸会变大。如果想在保持画面尺寸不变的同时添加边框，可以先用 6.3 节介绍的 crop() 函数裁剪画面，再用 margin() 函数添加边框。演示代码如下：

```
1  from moviepy.editor import VideoFileClip  # 从MoviePy模块的editor子
   模块中导入VideoFileClip类
2  from moviepy.video.fx.all import crop, margin  # 从MoviePy模块的
   video.fx.all子模块中导入crop()函数和margin()函数
3  v1 = VideoFileClip('盘山公路.mp4')  # 读取视频文件
4  w, h = v1.size  # 获取原视频的帧宽度和帧高度
5  t_mar = 180  # 给出上边框的粗细值
6  b_mar = 180  # 给出下边框的粗细值
7  v2 = crop(v1, x1=0, y1=t_mar, x2=w, y2=h - b_mar)  # 根据第4~6行代
   码获取的数值计算裁剪框的坐标值，裁剪视频画面
8  v3 = margin(v2, top=t_mar, bottom=b_mar)  # 在画面顶部和底部添加边框
9  v3.write_videofile('盘山公路1.mp4')  # 导出视频
```

第 4 行代码中的 size 属性返回的是一个含有两个元素的列表，这两个元素分别代表视频的帧宽度和帧高度，这里将这两个值分别赋给变量 w 和 h。

运行上述演示代码前后的视频播放效果分别如图 6-10 和图 6-11 所示，可以看到添加上下边框后的画面具备了类似电影的质感。

图 6-10

图 6-11

◎ 运行结果

　　文件夹"添加边框前"中的视频文件信息如图 6-12 所示。运行本案例的代码后，文件夹 "添加边框后"中的视频文件信息如图 6-13 所示，可看到帧宽度和帧高度均增加了 120 像素。

图 6-12

图 6-13

　　以"樱花 2.mp4"为例，添加边框前后的播放效果分别如图 6-14 和图 6-15 所示。

图 6-14

图 6-15

6.6　截取视频的片段

◎ 素材文件：实例文件＼06＼6.6＼截取前（文件夹）
◎ 代码文件：实例文件＼06＼6.6＼截取视频的片段.ipynb

◎ 应用场景

 我有一批时长不同的视频文件，需要将它们剪辑成相同的时长，能用 Python 实现吗？

> 改变视频时长有多种方法，其中之一是截取视频片段，使用 MoviePy 模块中的 subclip() 函数就能实现。如果要用这种方法统一多个视频文件的时长，还得先获取时长的最小值，再用 subclip() 函数按照这个值来截取片段。

◎ 实现代码

```python
from pathlib import Path  # 导入pathlib模块中的Path类
from shutil import copy  # 导入shutil模块中的copy()函数
from moviepy.editor import VideoFileClip  # 从MoviePy模块的editor子
模块中导入VideoFileClip类
src_folder = Path('截取前')  # 指定来源文件夹的路径
des_folder = Path('截取后')  # 指定目标文件夹的路径
if not des_folder.exists()  # 如果目标文件夹不存在
    des_folder.mkdir(parents=True)  # 创建目标文件夹
duration_list = []  # 创建一个空列表，用于存储各视频的时长
file_list = []  # 创建一个空列表，用于存储各视频的文件路径
for i in src_folder.glob('*'):  # 遍历来源文件夹
    if i.is_file():  # 当遍历到的路径指向一个文件时才执行后续操作
        file_list.append(i)  # 将视频的文件路径添加到列表file_list中
        duration_list.append(VideoFileClip(str(i)).duration)  # 获
        取视频的时长并添加到列表duration_list中
duration_min = min(duration_list)  # 找出视频时长的最小值
for i in file_list:  # 遍历文件路径列表file_list
    video_clip = VideoFileClip(str(i))  # 读取视频
    if video_clip.duration == duration_min:  # 如果视频时长是最小值
        copy(i, des_folder)  # 直接将视频复制到目标文件夹
    else:  # 否则
        new_clip = video_clip.subclip(0, duration_min)  # 按时长最
        小值截取视频片段
```

```
21    new_file = des_folder / (i.stem + '.mp4')  # 构造导出片段的
      路径
22    new_clip.write_videofile(str(new_file))  # 导出截取的片段
```

◎ 代码解析

第 8～13 行代码用于获取来源文件夹下各视频文件的时长列表和文件路径列表。

第 14 行代码用于获取视频时长的最小值。

第 15～22 行代码用于遍历文件路径列表并读取视频文件，然后根据所读取视频的时长进行不同的操作：如果时长已是最小值，则不需要处理，直接将其复制到目标文件夹；如果时长不是最小值，则用 subclip() 函数截取从开头至时长最小值处的片段，再将片段导出到目标文件夹。读者可以按照"知识延伸"中的讲解修改 subclip() 函数的参数值。

其余代码的含义与 5.2 节的案例类似，这里不再赘述。

◎ 知识延伸

（1）第 13 行代码中的 duration 属性用于获取视频的时长（单位：秒）。

（2）第 14 行代码中的 min() 函数是 Python 的内置函数，用于获取传入的多个参数的最小值，或者一个可迭代对象的各个元素的最小值。演示代码如下：

```
1    a = min(10, 15.3, 25.5, 3.2, 2, 4.05, 70)
2    print(a)
3    b = [10, 15.3, 25.5, 3.2, 2, 4.05, 70]
4    c = min(b)
5    print(c)
```

运行结果如下：

```
1    2
2    2
```

（3）第 20 行代码中的 subclip() 函数用于截取视频中两个指定时间点之间的内容。该函数的常用语法格式如下，各参数的说明见表 6-5。

```
subclip(t_start=0, t_end=None)
```

表 6-5

参数	说明
t_start	指定片段的起始时间点。参数值有 4 种表示方式：① 秒，为一个浮点型数字，如 47.15；② 分和秒组成的元组，如 (2, 13.25)；③ 时、分、秒组成的元组，如 (0, 2, 13.25)；④ 用冒号分隔的时间字符串，如 '0:2:13.25'
t_end	指定片段的结束时间点。若省略该参数，则截取到视频的结尾，例如，subclip(5) 表示从第 5 秒截取到结尾；若参数值为负数，则 t_end 被设置为视频的完整时长与该数值之和，例如，subclip(5, -2) 表示从第 5 秒截取到结尾的前 2 秒

◎ 运行结果

文件夹"截取前"中的视频文件信息如图 6-16 所示，可以看到各视频的时长不同。运行本案例的代码后，文件夹"截取后"中的视频文件信息如图 6-17 所示，可以看到各视频的时长都是一样的。

图 6-16

图 6-17

6.7　调整视频的播放速度

◎ 素材文件：实例文件 \ 06 \ 6.7 \ 摩天大楼.mp4
◎ 代码文件：实例文件 \ 06 \ 6.7 \ 调整视频的播放速度.ipynb

◎ 应用场景

 牛老师，上一个案例您说到改变视频时长有多种方法，能不能接着讲一讲其他方法呢？

 要改变视频时长，除了截取片段，还可以调整播放速度，使用 MoviePy 模块中的 speedx() 函数即可实现。该函数的用法很灵活，既可以按指定的变速系数调整播放速度，也可以按指定的目标时长调整播放速度。

◎ 实现代码

```
1  from moviepy.editor import VideoFileClip  # 从MoviePy模块的editor子
   模块中导入VideoFileClip类
2  from moviepy.video.fx.all import speedx  # 从MoviePy模块的video.fx.
   all子模块中导入speedx()函数
3  video_clip = VideoFileClip('摩天大楼.mp4')  # 读取视频
4  new_clip = speedx(video_clip, final_duration=12)  # 更改视频的播放速
   度，让视频时长变为12秒
5  new_clip.write_videofile('摩天大楼1.mp4')  # 导出视频
```

◎ 代码解析

第 2 行代码用于从 MoviePy 模块的 video.fx.all 子模块中导入 speedx() 函数。

第 3 行代码用于读取要调整播放速度的视频文件"摩天大楼.mp4"。

第 4 行代码使用 speedx() 函数更改视频的播放速度，让视频时长变为 12 秒。读者可以按照"知识延伸"中的讲解修改 speedx() 函数的参数值。

第 5 行代码用于将调整播放速度后的视频导出为文件"摩天大楼 1.mp4"。

◎ 知识延伸

speedx() 函数的常用语法格式如下，各参数的说明见表 6-6。

```
speedx(clip, factor=None, final_duration=None)
```

表 6-6

参数	说明
clip	指定要调整播放速度的视频文件
factor	指定变速系数。参数值大于 0 且小于 1 表示让播放速度变慢，大于 1 表示让播放速度变快
final_duration	指定视频的目标时长，函数会自动计算相应的变速系数。如果目标时长大于原时长，则播放速度会变慢；如果目标时长小于原时长，则播放速度会变快。参数 factor 和 final_duration 只需设置一个

◎ 运行结果

运行本案例的代码后，查看原视频文件
"摩天大楼.mp4"和生成的视频文件"摩天大
楼1.mp4"的时长，如图 6-18 所示，可看到
时长由原来的 30 秒缩短为代码中设置的 12
秒。播放视频也能感觉到播放速度变快。

图 6-18

6.8 为视频设置倒放效果

◎ 素材文件：实例文件 \ 06 \ 6.8 \ 咖啡加糖.mp4
◎ 代码文件：实例文件 \ 06 \ 6.8 \ 为视频设置倒放效果.ipynb

◎ 应用场景

牛老师，我想将一段视频倒放，以模拟时光倒流的效果，能用 Python 实现吗？

使用 MoviePy 模块中的 time_mirror() 函数就能轻松地实现视频倒放效果。不过由于 MoviePy 模块自身存在程序漏洞，在实践中使用这个函数处理一些视频文件时可能会遇到一点小问题，需要在编写代码时多动动脑筋。

◎ 实现代码

```
1   from moviepy.editor import VideoFileClip  # 从MoviePy模块的editor子
    模块中导入VideoFileClip类
2   from moviepy.video.fx.all import time_mirror  # 从MoviePy模块的vid-
    eo.fx.all子模块中导入time_mirror()函数
3   video_clip = VideoFileClip('咖啡加糖.mp4')  # 读取视频
4   end_time = round(2 / video_clip.fps, 2)  # 计算出两帧的时长并取两位
    小数
5   new_clip = video_clip.subclip(0, -end_time)  # 通过截取片段将最后两
    帧剪去
6   final_clip = time_mirror(new_clip)  # 倒放视频
7   final_clip.write_videofile('咖啡加糖.mp4')  # 导出视频
```

◎ 代码解析

第 2 行代码用于从 MoviePy 模块的 video.fx.all 子模块中导入 time_mirror() 函数。

第 3 行代码用于读取要制作倒放效果的视频文件"咖啡加糖.mp4"。

第 4 行代码先获取视频的帧率（每秒播放的帧数），再对帧率取倒数，得到每帧的时长，然后将每帧的时长乘以 2，得到两帧的时长，最后对计算结果取两位小数。

第 5 行代码用于截取从开头至结尾前两帧的视频片段，即将最后两帧剪去。

第 6 行代码用于将截取的片段设置为倒放效果。

第 7 行代码用于将处理好的视频导出为文件"咖啡加糖 1.mp4"。

◎ 知识延伸

（1）第 4 行代码中的 fps 属性用于获取视频的帧率。

（2）第 4 行代码中的 round() 函数是 Python 的内置函数，用于将一个数字舍入到小数点后指定的位数。该函数的常用语法格式如下，各参数的说明见表 6-7。

```
round(number, ndigits=None)
```

表 6-7

参数	说明
number	指定需要进行舍入的数值
ndigits	指定保留的小数位数。如果省略或设置为 0，则舍入到最接近的整数

需要注意的是，round() 函数的舍入规则不是简单的"四舍五入"。例如，round(2.675, 2) 将得到 2.67，而不是 2.68。这一结果不是程序错误，而是由于大多数十进制小数实际上都不能以浮点数精确地表示。

（3）第 6 行代码中的 time_mirror() 函数用于倒放视频。该函数只有一个参数 clip，用于指定要倒放的视频文件。

◎ 运行结果

运行本案例的代码后，播放生成的视频文件"咖啡加糖 1.mp4"，即可看到倒放的效果。

技巧

使用 time_mirror() 函数处理视频时，可能会出现如下所示的报错信息。

OSError: MoviePy error: failed to read the first frame of video file 咖啡加糖.mp4. That might mean that the file is corrupted. That may also mean that you are using a deprecated version of FF-MPEG. On Ubuntu/Debian for instance the version in the repos is deprecated. Please update to a recent version from the website.

造成报错的主要原因是视频的最后几帧可能已经损坏。解决方法是用 subclip() 函数剪掉最后几帧，再用 time_mirror() 函数处理。本案例是剪去最后两帧，如果还是报错，可以适当增加剪掉的帧数。

6.9 为视频设置淡入 / 淡出效果

◎ 素材文件：实例文件 \ 06 \ 6.9 \ 人来人往.mp4
◎ 代码文件：实例文件 \ 06 \ 6.9 \ 为视频设置淡入 / 淡出效果.ipynb

◎ 应用场景

 牛老师，我想让视频以淡入效果开始，以淡出效果结束，怎么用 Python 实现呢？

 可以使用 MoviePy 模块中的 fadein() 函数和 fadeout() 函数为视频设置淡入和淡出效果。

◎ 实现代码

```
1  from moviepy.editor import VideoFileClip  # 从MoviePy模块的editor子模块中导入VideoFileClip类
2  from moviepy.video.fx.all import fadein, fadeout  # 从MoviePy模块的video.fx.all子模块中导入fadein()函数和fadeout()函数
3  video_clip = VideoFileClip('人来人往.mp4')  # 读取视频文件
4  video_clip = fadein(video_clip, duration=3, initial_color=(0, 0, 0))  # 为视频设置3秒的黑色淡入效果
5  video_clip = fadeout(video_clip, duration=3, final_color=(255, 255, 255))  # 为视频设置3秒的白色淡出效果
6  video_clip.write_videofile('人来人往1.mp4')  # 导出视频
```

◎ 代码解析

第 2 行代码用于从 MoviePy 模块的 video.fx.all 子模块中导入 fadein() 函数和 fadeout() 函数。

第 3 行代码用于读取要设置淡入/淡出效果的视频文件"人来人往.mp4"。

第 4 行代码使用 fadein() 函数为视频设置黑色淡入效果，效果的持续时间为 3 秒。读者可以按照"知识延伸"中的讲解修改 fadein() 函数的参数值。

第 5 行代码使用 fadeout() 函数为视频设置白色淡出效果，效果的持续时间为 3 秒。读者可以按照"知识延伸"中的讲解修改 fadeout() 函数的参数值。

第 6 行代码用于将处理好的视频导出为文件"人来人往 1.mp4"。

◎ 知识延伸

淡入 / 淡出又叫渐显 / 渐隐，它们的作用是向观众提示时间或空间开始变换。淡入常用在一个片段的开头，淡出常用在一个片段的结尾。

fadein() 函数用于为视频设置颜色淡入效果，即视频开始播放后，画面在指定时间内从某种颜色中逐渐显现。fadeout() 函数用于为视频设置颜色淡出效果，即在结束播放前的指定时间内画面逐渐隐入某种颜色之中。这两个函数都不会改变视频的时长，它们的常用语法格式如下，各参数的说明见表 6-8。

```
fadein(clip, duration, initial_color=None)
fadeout(clip, duration, final_color=None)
```

表 6-8

参数	说明
clip	指定要设置颜色淡入 / 淡出效果的视频文件
duration	指定淡入 / 淡出效果的持续时间（单位：秒）
initial_color / final_color	指定淡入 / 淡出时使用的颜色，如 (160, 100, 95)。默认颜色为黑色

◎ 运行结果

运行本案例的代码后，播放生成的视频文件"人来人往 1.mp4"。在开头处，画面从一片黑色中逐渐显现，如图 6-19 所示。3 秒后画面进入正常状态，如图 6-20 所示。播放至最后 3 秒时，画面逐渐隐入一片白色之中，如图 6-21 所示。

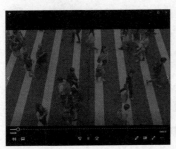
图 6-19

图 6-20

图 6-21

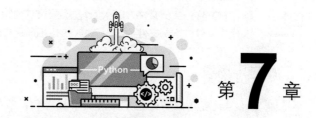

第**7**章

视频的拼接与合成

上一章讲解了视频剪辑的基本操作,要想创作出更精彩的作品,还需要对两段或多段视频进行拼接或合成。本章将讲解如何通过编写 Python 代码完成视频的拼接和合成。

7.1 拼接相同尺寸的视频

◎ 素材文件：实例文件＼07＼7.1＼相同尺寸视频（文件夹）
◎ 代码文件：实例文件＼07＼7.1＼拼接相同尺寸的视频.ipynb

◎ 应用场景

小新　我有几段画面尺寸相同的素材视频，想把它们简单地拼接在一起，组成一个完整的作品。如果用视频剪辑软件来处理，需要先导入各段素材，再按顺序将它们拖动到相应的轨道上，并保证两段素材之间无缝衔接，操作比较烦琐。牛老师，有没有什么办法能快速地拼接多段视频呢？

大牛　对于画面尺寸相同的视频，可以使用 MoviePy 模块中的 concatenate_video-clips() 函数来拼接。最好把要拼接的视频放在一个文件夹中，并按照拼接的先后顺序进行重命名，如"鼠标 1.mov""鼠标 2.mov""鼠标 3.mov"，以便通过构造循环来快速处理。

◎ 实现代码

```
1  from pathlib import Path  # 导入pathlib模块中的Path类
2  from natsort import os_sorted  # 导入natsort模块中的os_sorted()函数
3  from moviepy.editor import VideoFileClip, concatenate_videoclips  # 从
   MoviePy模块的editor子模块中导入VideoFileClip类和concatenate_videoclips()
   函数
4  src_folder = Path('相同尺寸视频')  # 指定来源文件夹（用于存放要处理的
   视频文件）的路径
5  file_list = os_sorted(list(src_folder.glob('*.mov')))  # 获取来源文
   件夹下所有MOV格式视频文件的路径列表并做排序
6  clip_list = []  # 创建一个空列表，用于存放要拼接的视频
7  for i in file_list:  # 遍历视频文件列表
8      video_clip = VideoFileClip(str(i))  # 读取视频
```

```
 9        clip_list.append(video_clip)  # 将视频添加到列表中
10   merge_video = concatenate_videoclips(clip_list)  # 拼接列表中的视频
11   merge_video.write_videofile('相同尺寸视频拼接.mp4', audio=False)  # 导
     出拼接后的视频
```

◎ 代码解析

第 2 行代码用于导入 natsort 模块中的 os_sorted() 函数。natsort 模块是用于完成"自然排序"的 Python 第三方模块，其安装命令为"pip install natsort"。os_sorted() 函数的功能是按照操作系统文件浏览器中的排序方式对一个路径列表进行排序。

第 5 行代码先用 glob() 函数遍历来源文件夹，获取所有 MOV 格式视频文件的路径，然后用 list() 函数将获得的多个路径转换成列表，再用 os_sorted() 函数对这个列表做排序。读者可根据实际需求修改视频文件的扩展名。

第 6 行代码创建了一个空列表 clip_list，用于存放要拼接的视频。

第 7～9 行代码用 for 语句构造的循环依次取出列表 file_list 中的路径，然后用 VideoFileClip 类进行读取，再将读取到的视频添加到第 6 行代码创建的列表 clip_list 中。

第 10 行代码使用 concatenate_videoclips() 函数将列表 clip_list 中的多个视频拼接成一个视频。

第 11 行代码用于将拼接好的视频导出为文件"相同尺寸视频拼接.mp4"。其中参数 audio 的值为 False，表示只导出画面，不导出音频。

◎ 知识延伸

（1）本案例事先将要拼接的视频放在一个文件夹中，并按照拼接的先后顺序进行重命名。然而 glob() 函数遍历文件夹时会以随机顺序返回文件路径，所以需要使用 os_sorted() 函数做排序，才能确保按文件浏览器中的显示顺序依次拼接各个视频文件。

（2）第 10 行代码中的 concatenate_videoclips() 函数用于将多个视频首尾相连，拼接成一个视频。该函数的常用语法格式如下，各参数的说明见表 7-1。

```
concatenate_videoclips(clips, method='chain')
```

表 7-1

参数	说明
clips	为一个列表，包含要拼接的多个视频文件。视频文件在列表中的排列顺序就是拼接的顺序
method	指定拼接的方式。设置为 'chain'（默认值）时表示仅将各个视频简单地按顺序拼接在一起，如果这些视频的画面尺寸不同，也不会进行修正；设置为 'compose' 时，如果各个视频的画面尺寸不同，则生成的新视频的画面尺寸取各个视频画面尺寸的最大值，其中画面尺寸较小的视频在播放时将居中显示

◎ 运行结果

运行本案例的代码后，播放生成的视频文件"相同尺寸视频拼接.mp4"，可以依次看到原先多个视频的画面内容，并且该视频的时长为原先多个视频的时长的总和。

7.2　拼接不同尺寸的视频

◎ 素材文件：实例文件＼07＼7.2＼不同尺寸视频（文件夹）
◎ 代码文件：实例文件＼07＼7.2＼拼接不同尺寸的视频.ipynb

◎ 应用场景

牛老师，我参照 7.1 节介绍的方法拼接了几段素材视频，发现一个问题：当素材视频的画面尺寸不同时，如果省略参数 method，那么拼接出来的视频会出现花屏的现象，虽然将该参数设置成 'compose' 可以消除花屏现象，但是尺寸较小的视频画面四周又会有黑边。如何解决这个问题呢？

可以先将素材视频的画面调整为相同的尺寸，再进行拼接。画面尺寸的调整有多种思路，例如，使用 6.3 节介绍的 crop() 函数裁剪画面，或使用 6.4 节介绍的 resize() 函数缩放画面。下面我用 resize() 函数缩放画面来为你做个示范吧。

◎ 实现代码

```
1    from pathlib import Path  # 导入pathlib模块中的Path类
2    from natsort import os_sorted  # 导入natsort模块中的os_sorted()函数
3    from moviepy.editor import VideoFileClip, concatenate_videoclips  # 从
     MoviePy模块的editor子模块中导入VideoFileClip类和concatenate_videoclips()
     函数
4    from moviepy.video.fx.all import resize  # 从MoviePy模块的video.fx.
     all子模块中导入resize()函数
5    src_folder = Path('不同尺寸视频')  # 指定来源文件夹的路径
6    file_list = os_sorted(list(src_folder.glob('*.mp4')))  # 获取来源文
     件夹下所有MP4格式视频文件的路径列表并做排序
7    clip_list = []  # 创建一个空列表，用于存放要拼接的视频
8    for i in file_list:  # 遍历视频文件列表
9        video_clip = VideoFileClip(str(i)).subclip(0, 5)  # 读取视频并
         截取前5秒的内容
10       video_clip = resize(video_clip, height=1080)  # 设置视频帧高度为
         1080像素
11       clip_list.append(video_clip)  # 将调整尺寸后的视频添加到列表中
12   merge_video = concatenate_videoclips(clip_list)  # 拼接列表中的视频
13   merge_video.write_videofile('不同尺寸视频拼接.mp4', audio=False)  # 导
     出拼接后的视频
```

◎ 代码解析

第 5、6 行代码用于获取来源文件夹下所有 MP4 格式视频文件的路径列表并做排序。读者可根据实际需求修改视频文件的扩展名。

第 7 行代码创建了一个空列表，用于存放要拼接的视频文件。

第 8 ～ 11 行代码用 for 语句构造的循环依次取出列表 file_list 中的路径，然后读取视频并截取前 5 秒的内容，再将视频的帧高度统一设置为 1080 像素，最后将视频添加到第 7 行代

码创建的列表中。

第 12 行代码用于拼接添加到列表中的多个视频文件。

第 13 行代码用于将拼接好的视频导出为文件"不同尺寸视频拼接.mp4"，并且只导出画面，不导出音频。

◎ 知识延伸

如果是处理单个视频，在导出时程序会自动匹配合适的比特率（kbps）。而将多个视频拼接为一个视频导出时，如果原先各个视频的比特率不一致，就需要通过 write_videofile() 函数的参数 bitrate 指定导出视频的比特率，如 bitrate='5000k'。比特率决定了视频的大小和质量：比特率越高，视频质量越好，文件相对较大；反之，比特率越低，视频质量越差，文件相对较小。一般情况下，标准高清视频的比特率设置在 2500 ～ 4000 kbps 之间，标准全高清视频的比特率设置在 3500 ～ 6000 kbps 之间。

◎ 运行结果

运行本案例的代码后，播放生成的视频文件"不同尺寸视频拼接.mp4"，可以依次看到原先多个视频的画面内容，并且画面尺寸始终保持一致。

7.3 制作镜像效果的视频

◎ 素材文件：实例文件 \ 07 \ 7.3 \ 冰川湖泊.mp4
◎ 代码文件：实例文件 \ 07 \ 7.3 \ 制作镜像效果的视频.ipynb

◎ 应用场景

 牛老师，6.1 节介绍了使用 mirror_y() 函数垂直翻转视频画面的方法，现在我想将垂直翻转前的视频和垂直翻转后的视频上下堆叠在一起，制作成上下镜像的效果，又该怎么做呢？

 MoviePy 模块中的 clips_array() 函数可以堆叠多个视频。灵活运用这个函数能制作出丰富多彩的效果。

◎ 实现代码

```
1    from moviepy.editor import VideoFileClip, clips_array   # 从MoviePy
     模块的editor子模块中导入VideoFileClip类和clips_array()函数
2    from moviepy.video.fx.all import mirror_y   # 从MoviePy模块的video.
     fx.all子模块中导入mirror_y()函数
3    clip1 = VideoFileClip('冰川湖泊.mp4')   # 读取视频
4    clip2 = mirror_y(clip1)   # 垂直翻转视频
5    final_clip = clips_array([[clip1], [clip2]]) # 纵向堆叠视频
6    final_clip.write_videofile('冰川湖泊1.mp4')   # 导出视频
```

◎ 代码解析

第 3 行代码用于读取视频文件"冰川湖泊.mp4"。

第 4 行代码使用 mirror_y() 函数对"冰川湖泊.mp4"做垂直翻转。

第 5 行代码使用 clips_array() 函数纵向堆叠原视频和垂直翻转后的视频。

第 6 行代码用于将制作好的视频导出为文件"冰川湖泊 1.mp4"。

◎ 知识延伸

clips_array() 函数的常用语法格式如下，各参数的说明见表 7-2。

```
clips_array(array, rows_widths=None, cols_widths=None)
```

表 7-2

参数	说明
array	为一个存放视频的二维列表，即一个大列表包含一个或多个小列表。小列表的数量代表子画面的行数。小列表中的元素则是一个或多个视频文件，代表要在一行中显示的子画面。小列表的元素个数代表子画面的列数，各个小列表的元素个数应一致
rows_widths、cols_widths	分别用于指定各行的高度（单位：像素）和各列的宽度（单位：像素），以列表的形式给出。如果省略或设置为 None，则函数会自动进行设置

需要注意的是，clips_array() 函数会按照参数 rows_widths 和 cols_widths 的值对原视频的画面进行裁剪，而不是对原视频的画面进行缩放。

◎ 运行结果

原视频文件"冰川湖泊.mp4"的播放效果如图 7-1 所示。运行本案例的代码后，播放生成的视频文件"冰川湖泊 1.mp4"，效果如图 7-2 所示。

图 7-1   图 7-2

7.4　制作三屏同步播放效果

◎ 素材文件：实例文件＼07＼7.4＼三分屏素材（文件夹）
◎ 代码文件：实例文件＼07＼7.4＼制作三屏同步播放效果.ipynb

◎ 应用场景

 三分屏特效在各个短视频平台上都比较火，很多短视频剪辑软件都可以轻松制作出这一特效，但是每次只能处理一个视频。我现在有多个视频需要制作为三分屏效果，能否用 Python 实现批量处理呢？

 可以通过构造循环依次读取视频，然后用 clips_array() 函数堆叠视频来制作三分屏效果。

◎ 实现代码

```
1   from pathlib import Path   # 导入pathlib模块中的Path类
2   from moviepy.editor import VideoFileClip, clips_array   # 从MoviePy
    模块的editor子模块中导入VideoFileClip类和clips_array()函数
3   from moviepy.video.fx.all import resize   # 从MoviePy模块的video.fx.
    all子模块中导入resize()函数
4   src_folder = Path('三分屏素材')   # 指定来源文件夹的路径
5   des_folder = Path('三分屏特效')   # 指定目标文件夹的路径
6   if not des_folder.exists():   # 如果目标文件夹不存在
7       des_folder.mkdir(parents=True)   # 创建目标文件夹
8   for i in src_folder.glob('*.*'):   # 遍历来源文件夹
9       video_clip = VideoFileClip(str(i))   # 读取视频
10      video_clip = resize(video_clip, newsize=0.3)   # 调整画面尺寸
11      final_clip = clips_array([[video_clip], [video_clip], [video_
        clip]])   # 纵向堆叠调整尺寸后的视频
12      final_clip.write_videofile(str(des_folder / i.name), codec=
        'mpeg4', bitrate='5000k')   # 导出三分屏效果的视频
```

◎ 代码解析

第 8～12 行代码用 for 语句构造了一个循环，依次读取来源文件夹中的视频并制作为三分屏效果，再导出到目标文件夹下。其中，第 9 行代码用于读取素材视频。第 10 行代码用于将视频画面尺寸缩小为原来的 30%。第 11 行代码用于将调整尺寸后的视频纵向重复堆叠 3 次。第 12 行代码用于导出三分屏效果的视频，由于素材视频的格式各不相同，导出时需要指定视频编解码器和比特率。

◎ 知识延伸

如果要对同一个视频文件进行重复堆叠，可以利用 "*" 运算符快速复制列表元素。例如，第 11 行代码可以简化成如下代码：

```
1    final_clip = clips_array([[video_clip]] * 3)
```

同理，如果要将同一个视频文件重复堆叠成 3 行 4 列的分屏画面，可以使用如下代码：

```
1    final_clip = clips_array([[video_clip] * 4] * 3)
```

◎ 运行结果

文件夹"三分屏素材"中的视频文件缩览图效果如图 7-3 所示。运行本案例的代码后，可在文件夹"三分屏特效"下看到生成的视频文件，其缩览图效果如图 7-4 所示。

图 7-3

图 7-4

7.5   制作四屏同步播放效果

◎ 素材文件：实例文件 \ 07 \ 7.5 \ 麦克风（文件夹）
◎ 代码文件：实例文件 \ 07 \ 7.5 \ 制作四屏同步播放效果.ipynb

◎ 应用场景

小新 牛老师，我从不同的角度为一款麦克风拍摄了 4 段展示视频，现在想将它们放在一个画面中显示，类似多机位实况转播的效果，能用 Python 实现吗？

大牛 这种效果同样可以用 clips_array() 函数来实现。但是有一点需要注意：4 段视频的时长不一定相同，需要先将它们的时长调至相同，再用 clips_array() 函数进行堆叠处理。假设第 1 段素材视频的时长最短，下面以这个时长为基准编写代码。

◎ 实现代码

```
1   from moviepy.editor import VideoFileClip, clips_array  # 从MoviePy
    模块的editor子模块中导入VideoFileClip类和clips_array()函数
2   from moviepy.video.fx.all import resize  # 从MoviePy模块的video.fx.
    all子模块中导入resize()函数
3   video_clip1 = VideoFileClip('麦克风/1.mp4')  # 读取第1个视频
4   d = video_clip1.duration  # 获取第1个视频的时长
5   video_clip2 = VideoFileClip('麦克风/2.mp4').subclip(0, d)  # 读取第
    2个视频并截取片段
6   video_clip3 = VideoFileClip('麦克风/3.mp4').subclip(0, d)  # 读取第
    3个视频并截取片段
7   video_clip4 = VideoFileClip('麦克风/4.mp4').subclip(0, d)  # 读取第
    4个视频并截取片段
8   new_clip = clips_array([[video_clip1, video_clip2], [video_clip3,
    video_clip4]])  # 堆叠4个视频
9   final_clip = resize(new_clip, newsize=0.5)  # 调整堆叠视频的画面尺寸
10  final_clip.write_videofile('麦克风展示.mp4')  # 导出视频
```

◎ 代码解析

第 3 行代码用于读取第 1 个视频文件"1.mp4"。

第 4 行代码用于获取第 1 个视频的时长，作为调整其他视频时长的基准。

第 5～7 行代码用于读取剩余的 3 个视频文件"2.mp4""3.mp4""4.mp4"，并使用 subclip() 函数截取片段，片段的时长与第 1 个视频的时长相同。

第 8 行代码用于将 4 个视频按照 2 行 ×2 列的方式堆叠在一起，第 1 行显示 video_clip1 和 video_clip2，第 2 行显示 video_clip3 和 video_clip4。读者可以根据实际需求修改视频的排列方式。

第 9 行代码用于调整堆叠后视频的画面尺寸。因为第 8 行代码没有设置 clips_array() 函数的参数 rows_widths 和 cols_widths，堆叠后的画面的帧宽度将是原来 4 个视频的帧宽度的 2 倍，帧高度也是如此，所以再用 resize() 函数将帧高度和帧宽度缩小为原来的 50%。

第 10 行代码用于将处理好的视频导出为文件"麦克风展示.mp4"。

◎ 知识延伸

本案例的代码是先堆叠 4 个视频再整体缩小画面尺寸，也可以先分别缩小 4 个视频的画面尺寸再进行堆叠，或者通过设置 clips_array() 函数的参数 rows_widths 和 cols_widths 来调整画面尺寸，感兴趣的读者可以自行尝试修改代码。

◎ 运行结果

运行本案例的代码后，播放生成的视频文件"麦克风展示.mp4"，效果如图 7-5 所示。

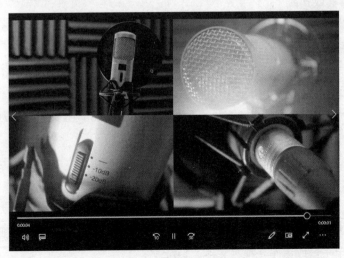

图 7-5

7.6 制作画中画效果

◎ 素材文件：实例文件 \ 07 \ 7.6 \ 航拍效果.mp4、无人机.mp4
◎ 代码文件：实例文件 \ 07 \ 7.6 \ 制作画中画效果.ipynb

◎ 应用场景

  许多视频网站支持"悬浮画中画"的播放功能，即在播放主视频的同时以悬浮小窗口的形式播放子视频。牛老师，如果我想制作模拟这种效果的视频，要怎么做呢？

  可以先适当缩小子视频的画面尺寸，然后用 MoviePy 模块中的 Composite-VideoClip 类将子视频叠加到主视频画面中的适当位置。

◎ 实现代码

```
1  from moviepy.editor import VideoFileClip, CompositeVideoClip  # 从
   MoviePy模块的editor子模块中导入VideoFileClip类和CompositeVideoClip类
2  from moviepy.video.fx.all import resize, speedx, margin  # 从MoviePy
   模块的video.fx.all子模块中导入resize()函数、speedx()函数、margin()函数
3  video1 = VideoFileClip('航拍效果.mp4')  # 读取主视频
4  video2 = VideoFileClip('无人机.mp4')  # 读取子视频
5  video2 = speedx(video2, final_duration=video1.duration)  # 调整子视
   频的播放速度，使子视频的时长与主视频的时长相同
6  video2 = resize(video2, newsize=0.3)  # 缩小子视频的画面尺寸
7  video2 = margin(video2, mar=2, color=(255, 255, 255))  # 为子视频添
   加白色边框
8  video3 = CompositeVideoClip([video1, video2.set_position(('right',
   'bottom'))])  # 叠加两个视频，并让子视频位于主视频画面的右下角
9  video3.write_videofile('无人机拍摄.mp4')  # 导出视频
```

⊚ 代码解析

第 3、4 行代码分别用于读取主视频"航拍效果.mp4"和子视频"无人机.mp4"。

第 5 行代码使用 speedx() 函数调整子视频的播放速度，让子视频的时长与主视频的时长保持一致。

第 6 行代码使用 resize() 函数将子视频的画面尺寸修改为原来的 30%。

第 7 行代码使用 margin() 函数为子视频添加边框，边框的粗细为 2 像素，颜色为白色。读者可以根据实际需求修改边框的粗细和颜色。

第 8 行代码使用 CompositeVideoClip 类合成主视频和子视频。在括号内的列表中，第 1 个元素为主视频，合成后位于下层；第 2 个元素为子视频，合成后位于上层。此外，还使用了 set_position() 函数将子视频置于主视频画面右下角。由于未单独设置开始播放时间，合成后的主视频和子视频将同步播放。

第 9 行代码用于将制作好的视频导出为文件"无人机拍摄.mp4"。

⊚ 知识延伸

（1）第 8 行代码中的 CompositeVideoClip 类用于合成多个视频，其常用语法格式如下，各参数的说明见表 7-3。

```
CompositeVideoClip(clips, size=None, bg_color=None)
```

表 7-3

参数	说明
clips	参数值为一个列表，包含要合成的多个视频文件。视频文件将按照列表中的排列顺序从下到上依次进行叠加
size	指定合成视频的画面尺寸。如果参数值为 None，则将第 1 个视频的画面尺寸作为合成视频的画面尺寸
bg_color	当合成视频的画面尺寸比原视频的画面尺寸大时，用此参数指定合成视频的背景颜色，如 (255, 255, 255)。如果参数值为 None，则表示将画面背景设置为透明效果

（2）第 8 行代码中的 set_position() 函数用于在合成多个视频时设置其中某个视频在合

成视频画面中的位置。该函数的常用语法格式如下，各参数的说明见表 7-4。

```
set_position(pos, relative=False)
```

表 7-4

参数	说明
pos	指定视频的位置，常用的参数值表示方式有 3 种：① (x, y)，表示所叠加视频的左上角在合成视频画面中的坐标；② ('center', 'top')，表示水平居中、顶端对齐，类似的设置还有 'bottom'、'right'、'left'；③ (factorX, factorY)，表示基于合成视频的画面尺寸设置相对位置，其中 factorX 和 factorY 为 0～1 之间的浮点型数字，函数会将 factorX 和 factorY 分别乘以合成视频的帧宽度和帧高度得到相应的位置坐标
relative	指定参数 pos 的值是否表示相对位置。当参数 pos 按 (factorX, factorY) 的格式进行设置时，参数 relative 就要设置成 True。例如：set_position((0.2, 0.5), relative=True)，表示将视频设置在 20% 帧宽度、50% 帧高度的相对位置

◎ 运行结果

运行本案例的代码后，播放生成的视频文件"无人机拍摄.mp4"，画面效果如图 7-6 所示。

图 7-6

7.7 合成视频时指定开始 / 结束播放的时间

◎ 素材文件：实例文件 \ 07 \ 7.7 \ 狮子（文件夹）
◎ 代码文件：实例文件 \ 07 \ 7.7 \ 合成视频时指定开始 / 结束播放的时间.ipynb

◎ 应用场景

 牛老师，使用 CompositeVideoClip 类合成视频时，能不能让每个素材视频在指定的时间点开始播放和停止播放呢？

 可以先用 set_start() 函数和 set_end() 函数设置每个视频的开始播放时间和结束播放时间，再用 CompositeVideoClip 类合成视频。

◎ 实现代码

```
1  from moviepy.editor import VideoFileClip, CompositeVideoClip  # 从
   MoviePy模块的editor子模块中导入VideoFileClip类和CompositeVideoClip类
2  video1 = VideoFileClip('狮子/1.mp4')  # 读取要合成的第1个视频
3  video2 = VideoFileClip('狮子/2.mp4').set_start(7).set_end(21)  # 读
   取要合成的第2个视频并设置开始 / 结束播放的时间
4  video3 = VideoFileClip('狮子/3.mp4').set_start(14).set_end(21)  # 读
   取要合成的第3个视频并设置开始 / 结束播放的时间
5  merge_video = CompositeVideoClip([video1, video2, video3])  # 合成
   3个视频
6  merge_video.write_videofile('狮子.mp4')  # 导出视频
```

◎ 代码解析

第 2 行代码用于读取要合成的第 1 个视频 "1.mp4"。

第 3 行代码用于读取要合成的第 2 个视频 "2.mp4"，并设置开始播放时间为第 7 秒，结束播放时间为第 21 秒。

第 4 行代码用于读取要合成的第 3 个视频 "3.mp4"，并设置开始播放时间为第 14 秒，结

束播放时间为第 21 秒。

　　第 5 行代码用于合成上述 3 个视频。在合成视频中，第 1 段视频从默认的第 0 秒开始播放，第 2 段和第 3 段视频则按设置的时间开始播放和结束播放。

　　第 6 行代码用于将合成后的视频导出为文件 "狮子.mp4"。

◎ 知识延伸

　　将多个视频合成为一个视频时，可分别使用 set_start() 函数和 set_end() 函数设置各个素材视频在合成视频中的开始播放时间和结束播放时间。这两个函数的常用语法格式相同，只有一个参数 t，用于指定开始播放或结束播放的时间。这个参数有 4 种表示方式：①秒，为一个浮点型数字，如 47.15；②分和秒组成的元组，如 (2, 13.25)；③时、分、秒组成的元组，如 (0, 2, 13.25)；④用冒号分隔的时间字符串，如 '0:2:13.25'。

◎ 运行结果

　　运行本案例的代码后，播放生成的视频文件 "狮子.mp4"，会先看到第 1 段视频的画面内容，第 2 段视频和第 3 段视频则会在指定的时间点开始播放，如图 7-7 和图 7-8 所示。

图 7-7

图 7-8

7.8　合成视频时添加叠化转场效果

◎ 素材文件：实例文件＼07＼7.8＼海底世界（文件夹）
◎ 代码文件：实例文件＼07＼7.8＼合成视频时添加叠化转场效果.ipynb

◎ 应用场景

 我发现用多个片段合成的视频中，各个片段之间的过渡显得比较生硬。这个问题应该如何解决呢？

 要让片段之间的过渡显得自然，可以在片段之间添加转场效果。转场效果有多种，其中用得较多的是叠化转场。叠化转场又称为交叉渐变，它是在两个片段之间有短暂的重合，后一个片段开头的画面覆盖在前一个片段结尾的画面上，新画面的不透明度逐渐增大，直到转场完成。使用 MoviePy 模块中的 crossfadein() 函数就能制作叠化转场效果。

◎ 实现代码

```
1   from pathlib import Path  # 导入pathlib模块中的Path类
2   from natsort import os_sorted  # 导入natsort模块中的os_sorted()函数
3   from moviepy.editor import VideoFileClip, CompositeVideoClip  # 从
    MoviePy模块的editor子模块中导入VideoFileClip类和CompositeVideoClip类
4   src_folder = Path('海底世界')  # 指定来源文件夹的路径
5   file_list = os_sorted(list(src_folder.glob('*.mp4')))  # 获取来源文
    件夹下所有MP4格式视频文件的路径列表并做排序
6   video_list = []  # 创建一个空列表
7   for idx, file in enumerate(file_list):  # 遍历视频文件的路径列表
8       if idx == 0:  # 如果是第1个视频
9           video_clip = VideoFileClip(str(file)).subclip(0, 7)  # 读
            取视频并截取片段
10      else:  # 如果不是第1个视频
11          video_clip = VideoFileClip(str(file)).subclip(0, 7).set_
            start(idx * 6).crossfadein(1)  # 读取视频并截取片段，然后设置
            开始播放时间和叠化转场效果
12      video_list.append(video_clip)  # 将处理好的片段添加到列表中
13  merge_video = CompositeVideoClip(video_list)  # 合成视频
```

```
14   merge_video.write_videofile('海底世界.mp4')   # 导出视频
```

◎ 代码解析

第 4 行代码用于指定来源文件夹的路径，读者可以根据实际需要修改路径。

第 5 行代码用于获取来源文件夹下所有 MP4 格式视频文件的路径列表并按照操作系统文件浏览器中的排序方式做排序。

第 6 行代码创建了一个空列表，用于存储剪辑后的视频片段。

第 7 行代码结合使用 for 语句和 enumerate() 函数（见 1.5.1 节）构造了一个循环，从列表 file_list 中依次取出视频文件的序号和路径，此时变量 idx 代表序号（默认从 0 开始），变量 file 代表路径。

第 8 行代码根据变量 idx 的值判断遍历到的路径是否为第 1 个视频，如果为第 1 个视频，就执行第 9 行代码，读取视频并截取片段；如果不是第 1 个视频，则执行第 11 行代码，在读取视频并截取片段的基础上，指定片段的开始播放时间，并设置时长为 1 秒的叠化转场效果。

第 12 行代码用于将处理好的片段添加到列表 video_list 中。

第 13 行代码用于把列表 video_list 中的所有片段合成为一个新视频。

第 14 行代码用于将合成好的视频导出为文件"海底世界.mp4"。

◎ 知识延伸

crossfadein() 函数只有一个参数 t，用于指定叠化转场效果的时长（单位：秒）。

◎ 运行结果

运行本案例的代码后，播放生成的视频文件"海底世界.mp4"，在画面切换时可以看到叠化转场效果，如图 7-9 至图 7-11 所示。

图 7-9

图 7-10

图 7-11

7.9 批量为视频添加片头/片尾

◎ 素材文件：实例文件\07\7.9\添加前（文件夹）
◎ 代码文件：实例文件\07\7.9\批量为视频添加片头/片尾.ipynb

◎ 应用场景

属于同一系列的视频作品往往会带有相同的片头和片尾。牛老师，有没有办法为多个视频批量添加制作好的片头和片尾呢？

添加片头和片尾的原理很简单，用concatenate_videoclips()函数将片头、视频、片尾这3个部分依次拼接在一起即可。片头和片尾的批量添加则可以通过构造循环来完成。

◎ 实现代码

```
1   from pathlib import Path  # 导入pathlib模块中的Path类
2   from moviepy.editor import VideoFileClip, concatenate_videoclips  # 从
    MoviePy模块的editor子模块中导入VideoFileClip类和concatenate_video-
    clips()函数
3   from moviepy.video.fx.all import fadein  # 从MoviePy模块的video.fx.
    all子模块中导入fadein()函数
4   src_folder = Path('添加前')  # 指定来源文件夹的路径
5   des_folder = Path('添加后')  # 指定目标文件夹的路径
6   if not des_folder.exists():  # 如果目标文件夹不存在
7       des_folder.mkdir(parents=True)  # 创建目标文件夹
8   opening_clip = VideoFileClip('片头.mp4')  # 读取片头
9   ending_clip = VideoFileClip('片尾.mp4')  # 读取片尾
10  for i in src_folder.glob('*.mp4'):  # 遍历来源文件夹中的MP4视频文件
11      video_clip = VideoFileClip(str(i))  # 读取要处理的视频
12      video_clip = fadein(video_clip, duration=1)  # 在视频开头设置1秒
```

```
        的颜色淡入效果
13      final_clip = concatenate_videoclips([opening_clip, video_clip,
        ending_clip])   # 依次拼接片头、视频、片尾
14      final_clip.write_videofile(str(des_folder / i.name))   # 导出拼
        接好的视频
```

◎ 代码解析

本案例代码的编写思路并没有特别之处，读者可参照之前的其他案例进行理解，在实际应用中只需要注意第 13 行代码中的拼接顺序。

◎ 运行结果

运行本案例的代码后，播放文件夹"添加后"中的任意一个视频文件，可依次看到片头、主体内容和片尾，如图 7-12 至图 7-14 所示。

图 7-12　　　　　　　　　　图 7-13　　　　　　　　　　图 7-14

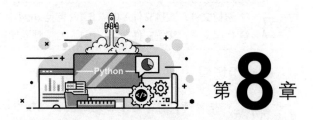

第 **8** 章

字幕和水印的添加

字幕的主要作用是增加画面的信息量，帮助受众更好地理解视频内容。水印的主要作用是标明作品的著作权，避免作品被盗用。经过精心设计的字幕和水印还能为作品增添艺术性和趣味性。本章将讲解如何通过编写 Python 代码为视频添加字幕和水印。

MoviePy 模块中与字幕和文字水印相关的功能大多数是通过调用 ImageMagick 来实现的。请读者先按照随书附赠的学习资源中的电子文档完成 ImageMagick 的下载、安装和配置，再开始学习本章的内容。

8.1 为视频添加标题字幕

◎ 素材文件：实例文件 \ 08 \ 8.1 \ 狗狗.mp4
◎ 代码文件：实例文件 \ 08 \ 8.1 \ 为视频添加标题字幕.ipynb

◎ 应用场景

牛老师，我知道字幕是出现在视频中的文字内容，这里的标题字幕又是什么概念呢？

字幕实际上细分为标题字幕、对白字幕、说明性字幕等多种类别。标题字幕通常出现在片头或片尾，用于说明作品的主题或介绍创作人员，也可出现在片中，用于注解画面内容或交代背景信息。在短视频作品中合理运用标题字幕，可以让画面更有美感，更容易吸引观众的注意力，从而提高作品的播放量。要用 Python 为视频添加标题字幕，可以先用 MoviePy 模块中的 TextClip 类创建文本剪辑，然后将文本剪辑叠加到视频上。

◎ 实现代码

```
1  from moviepy.editor import VideoFileClip, TextClip, CompositeVideo-
   Clip  # 从MoviePy模块的editor子模块中导入VideoFileClip类、TextClip
   类、CompositeVideoClip类
2  video_clip = VideoFileClip('狗狗.mp4')  # 读取视频
3  text = TextClip(txt='来自狗狗的wink', color='yellow', fontsize=120,
   font='FZYaZTJ.ttf')  # 创建文本剪辑，并设置字体格式
4  text = text.set_position(('center', 300))  # 设置标题字幕在视频画面
   中的位置
5  text = text.set_duration(3)  # 设置标题字幕的时长
6  new_video = CompositeVideoClip([video_clip, text])  # 将标题字幕叠
   加到视频上
7  new_video.write_videofile('狗狗1.mp4')  # 导出视频
```

◎ 代码解析

第 2 行代码用于读取要添加标题字幕的视频文件"狗狗.mp4"。

第 3 行代码用于创建作为标题字幕的文本剪辑，并设置字体格式。标题字幕的文本内容为"来自狗狗的 wink"，字体颜色为黄色，字体大小为 120 磅，字体为"FZYaZTJ.ttf"（方正雅珠体简体）。读者可按照本节"知识延伸"中的讲解修改文本内容和字体格式。

第 4 行代码用于设置标题字幕在视频画面中的位置。这里的 'center' 表示让标题字幕在水平方向居中，300 表示标题字幕在垂直方向的 y 坐标。读者可根据实际需求修改位置，具体见 7.6 节的"知识延伸"。

第 5 行代码用于设置标题字幕在视频中显示 3 秒。读者可根据实际需求修改时长。

第 6 行代码用于在视频上叠加制作好的标题字幕。

第 7 行代码用于将添加了标题字幕的视频导出为文件"狗狗 1.mp4"。

◎ 知识延伸

（1）第 3 行代码中的 TextClip 类用于生成文本内容的视频对象，其常用语法格式如下，各参数的说明见表 8-1。

```
TextClip(txt=None, color='black', bg_color='transparent', font-
size=None, font='Courier', stroke_color=None, stroke_width=1,
kerning=None)
```

表 8-1

参数	说明
txt	指定一个字符串作为字幕的文本内容
color	指定文本的颜色，参数值的格式有 3 种：①表示特定颜色名称的字符串，如 'black'、'red'、'yellow'，详见 https://imagemagick.org/script/color.php#color_names；②表示 RGB 颜色的字符串，如 'rgb(178, 58, 238)'；③表示十六进制颜色的字符串，如 '#B23AEE'
bg_color	指定生成的视频对象的背景颜色，参数值的格式同参数 color
fontsize	指定文本的字体大小（单位：磅）

续表

参数	说明
font	指定文本的字体，参数值常设置为字体文件的路径。需要注意的是，字体文件必须与代码文件位于同一文件夹下，且文件名只能使用英文字符。也就是说，将要使用的字体文件复制到代码文件所在文件夹下，并对字体文件进行重命名，使文件名中只有英文字符
stroke_color	指定文本的描边颜色，参数值的格式同参数 color。省略或设置为 None 时表示不描边
stroke_width	指定文本的描边宽度（单位：像素），默认值为 1。可设置为浮点型数字，数值越大，描边就越粗
kerning	指定字间距的调整量。设置为正数时字间距增大，设置为负数时字间距减小

（2）第 5 行代码中的 set_duration() 函数用于设置视频的时长。该函数的常用语法格式如下，各参数的说明见表 8-2。

```
set_duration(t, change_end=True)
```

表 8-2

参数	说明
t	指定视频的时长，参数值有 4 种格式：①秒，为一个浮点型数字，如 4.15；②分和秒组成的元组，如 (2, 4.15)；③时、分、秒组成的元组，如 (1, 2, 4.15)；④用冒号分隔的时间字符串，如 '01:02:04.15'
change_end	默认值为 True，如果设置为 False，则会根据视频的时长和预设的结束时间修改视频的开始时间

◎ 运行结果

原视频文件"狗狗.mp4"的播放效果如图 8-1 所示。运行本案例的代码后，播放生成的视频文件"狗狗 1.mp4"，可看到在开头的 3 秒添加的标题字幕，如图 8-2 所示。

图 8-1

图 8-2

8.2　添加位置随机变化的字幕

◎ 素材文件：实例文件 \ 08 \ 8.2 \ 汽车部件.mp4
◎ 代码文件：实例文件 \ 08 \ 8.2 \ 添加位置随机变化的字幕.ipynb

◎ 应用场景

 牛老师，字幕总是显示在固定的位置显得有点呆板，有没有办法让字幕的显示位置随机变化呢？

 可以先用 randint() 函数生成指定范围内的随机数，然后传入 set_position() 函数作为字幕显示位置的坐标值。

◎ 实现代码

```
1   from moviepy.editor import VideoFileClip, TextClip, CompositeVideo-
    Clip   # 从MoviePy模块的editor子模块中导入VideoFileClip类、TextClip
    类、CompositeVideoClip类
2   from random import randint  # 导入random模块中的randint()函数
3   x1, x2, y1, y2 = 240, 1340, 100, 740  # 指定坐标值随机变化的范围
4   video_clip = VideoFileClip('汽车部件.mp4')  # 读取视频
```

```
5   text1 = TextClip(txt='高清液晶\n仪表盘', color='white', fontsize=
    120, font='FZSuHJW.ttf')  # 创建第1个文本剪辑
6   text1 = text1.set_position((randint(x1, x2), randint(y1, y2)))  # 随
    机设置第1个文本剪辑的显示位置
7   text1 = text1.set_start(1).set_end(5).crossfadein(1)  # 将第1个文本
    剪辑的显示时间设置为第1～5秒，并设置时长为1秒的叠化转场效果
8   text2 = TextClip(txt='涡轮增压\n发动机', color='white', fontsize=120,
    font='FZSuHJW.ttf')  # 创建第2个文本剪辑
9   text2 = text2.set_position((randint(x1, x2), randint(y1, y2)))  # 随
    机设置第2个文本剪辑的显示位置
10  text2 = text2.set_start(9).set_end(13).crossfadein(1)  # 将第2个文
    本剪辑的显示时间设置为第9～13秒，并设置时长为1秒的叠化转场效果
11  text3 = TextClip(txt='全新样式\n合金轮毂', color='white', fontsize=
    120, font='FZSuHJW.ttf')  # 创建第3个文本剪辑
12  text3 = text3.set_position((randint(x1, x2), randint(y1, y2)))  # 随
    机设置第3个文本剪辑的显示位置
13  text3 = text3.set_start(17).set_end(21).crossfadein(1)  # 将第3个文
    本剪辑的显示时间设置为第17～21秒，并设置时长为1秒的叠化转场效果
14  final_clip = CompositeVideoClip([video_clip, text1, text2, text3])
    # 合成视频和文本剪辑
15  final_clip.write_videofile('汽车部件1.mp4')  # 导出视频
```

◎ 代码解析

第 3 行代码定义了 4 个变量，代表字幕坐标值随机变化的范围。

第 4 行代码用于读取要添加字幕的视频文件"汽车部件.mp4"。

第 5～7 行代码、第 8～10 行代码、第 11～13 行代码分别创建了 3 个文本剪辑，并进行相关的设置。这 3 段代码的原理类似，故这里只讲解第 5～7 行代码。

第 5 行代码用于创建第 1 个文本剪辑。读者可根据实际需求修改文本内容和字体格式。

第 6 行代码用于设置第 1 个文本剪辑在画面中的显示位置，其中的坐标值是用 randint()

函数随机生成的。

第 7 行代码用于设置第 1 个文本剪辑的显示时间，并设置叠化转场效果，以让字幕出现得更自然。读者可根据实际需求修改显示时间和转场效果的时长。

第 14 行代码用于将视频和 3 个文本剪辑合成在一起。

第 15 行代码用于将合成后的视频导出为文件"汽车部件 1.mp4"。

◎ 知识延伸

randint() 函数是 Python 内置的 random 模块中的一个函数，用于在指定范围内随机生成一个整数。该函数的语法格式如下，生成的随机整数会大于或等于参数 a 的值，且小于或等于参数 b 的值。

```
randint(a, b)
```

◎ 运行结果

运行本案例的代码后，播放生成的视频文件"汽车部件 1.mp4"，可看到位置随机变化的字幕效果，如图 8-3 至图 8-5 所示。

  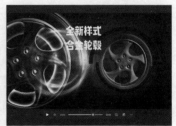

图 8-3   图 8-4   图 8-5

8.3 为字幕文本添加描边

◎ 素材文件：实例文件 \ 08 \ 8.3 \ 醇香咖啡.mp4
◎ 代码文件：实例文件 \ 08 \ 8.3 \ 为字幕文本添加描边.ipynb

◎ 应用场景

小新　牛老师，我想让字幕在画面中显得更加突出，以吸引观众的视线，有什么好办法吗？

大牛　办法有很多，其中之一是为字幕文本添加描边效果。在使用 TextClip 类创建文本剪辑时，可以通过参数 stroke_color 指定描边的颜色，通过参数 stroke_width 指定描边的宽度。

◎ 实现代码

```
1  from moviepy.editor import VideoFileClip, TextClip, CompositeVideo-
   Clip   # 从MoviePy模块的editor子模块中导入VideoFileClip类、TextClip
   类、CompositeVideoClip类
2  video_clip = VideoFileClip('醇香咖啡.mp4')   # 读取视频
3  text1 = TextClip(txt='精选优质\n咖啡豆', color='#6e352e', fontsize=
   130, font='FZZiYYJW.ttf', stroke_color='white', stroke_width=5)   # 创
   建第1个文本剪辑，带有5像素的白色描边
4  text1 = text1.set_position((1280, 190)).set_start(1).set_end(4)   # 设
   置第1个文本剪辑的显示位置和显示时间
5  text2 = TextClip(txt='口感\n醇香浓厚', color='#6e352e', fontsize=
   130, font='FZZiYYJW.ttf', stroke_color='white', stroke_width=5)   # 创
   建第2个文本剪辑，带有5像素的白色描边
6  text2 = text2.set_position((160, 650)).set_start(7).set_end(10)   # 设
   置第2个文本剪辑的显示位置和显示时间
7  final_clip = CompositeVideoClip([video_clip, text1, text2])   # 合
   成视频和文本剪辑
8  final_clip.write_videofile('醇香咖啡1.mp4')   # 导出视频
```

◎ 代码解析

第 2 行代码用于读取要添加描边字幕效果的视频文件"醇香咖啡.mp4"。

第 3 行代码用于创建第 1 个文本剪辑，其中设置描边颜色为白色，描边宽度为 5 像素。读者可根据实际需求修改文本内容和字体格式。

第 4 行代码用于设置第 1 个文本剪辑的显示位置和显示时间。读者可根据实际需求修改显示位置和显示时间。

第 5、6 行代码用于创建和设置第 2 个文本剪辑。

第 7 行代码用于将视频和 2 个文本剪辑合成在一起。

第 8 行代码用于将合成后的视频导出为文件"醇香咖啡 1.mp4"。

◎ 知识延伸

TextClip 类的参数 stroke_color 和 stroke_width 的详细说明见 8.1 节的"知识延伸"，这里不再赘述。

◎ 运行结果

运行本案例的代码后，播放生成的视频文件"醇香咖啡 1.mp4"，可看到添加了描边效果的字幕，如图 8-6 和图 8-7 所示。

图 8-6

图 8-7

8.4 设置字幕的背景颜色

◎ 素材文件：实例文件 \ 08 \ 8.4 \ 环尾狐猴.mp4、环尾狐猴介绍.txt
◎ 代码文件：实例文件 \ 08 \ 8.4 \ 设置字幕的背景颜色.ipynb

◎ 应用场景

 牛老师，如果字幕的字体颜色与视频画面的颜色比较接近，那么字幕可能会看不清楚。这个问题要如何解决呢？

 可以为字幕指定与视频画面的颜色反差较大的背景颜色，这样就能提升字幕的可读性。在使用 TextClip 类创建文本剪辑时，可以通过参数 bg_color 设置字幕的背景颜色。

◎ 实现代码

```
1  from moviepy.editor import VideoFileClip, TextClip, CompositeVideo-
   Clip  # 从MoviePy模块的editor子模块中导入VideoFileClip类、TextClip
   类、CompositeVideoClip类
2  video_clip = VideoFileClip('环尾狐猴.mp4')  # 读取视频
3  with open(file='环尾狐猴介绍.txt', mode='r', encoding='gbk') as f:
4      txt = f.read()  # 从文本文件中读取字幕的文本内容
5  subtitles = TextClip(txt=txt, color='black', bg_color='white',
   fontsize=38, font='FZLTZHJW.ttf')  # 创建文本剪辑
6  subtitles = subtitles.set_position(('center', 750)).set_start(2).
   set_end(12)  # 设置文本剪辑的显示位置和显示时间
7  final_video = CompositeVideoClip([video_clip, subtitles])  # 合成视
   频和文本剪辑
8  final_video.write_videofile('环尾狐猴1.mp4')  # 导出视频
```

◎ 代码解析

第 2 行代码用于读取要添加字幕的视频文件"环尾狐猴.mp4"。

第 3、4 行代码用于从指定的文本文件中读取字幕的文本内容。读者可根据实际需求修改文本文件的路径和编码格式。

第 5 行代码用于创建文本剪辑。文本剪辑的文本内容为第 3、4 行代码读取的文本内容，字体颜色为黑色，背景颜色为白色，字体大小为 38 磅，字体为"FZLTZHJW.ttf"（方正兰亭

中黑简体）。读者可根据实际需求修改字体格式和背景颜色。

第 6 行代码用于设置文本剪辑的显示位置和显示时间。因为字幕内容较多，所以显示时间设置得比较长（第 2～12 秒）。读者可根据实际需求修改显示位置和显示时间。

第 7 行代码用于合成视频和文本剪辑。

第 8 行代码用于将合成后的视频导出为文件"环尾狐猴 1.mp4"。

◎ 知识延伸

（1）第 3 行代码中的 open() 函数在 4.1.2 节介绍过，第 4 行代码中的 read() 函数用于从 open() 函数打开的文件中读取内容。

（2）第 3、4 行代码读取的文本文件"环尾狐猴介绍.txt"的内容如图 8-8 所示。可以看到，在整体内容的开头和结尾都有空白行，在每一行文本的开头和结尾则有一些空格，这是为了让生成的字幕中文本与背景色块边缘有一定的间距。

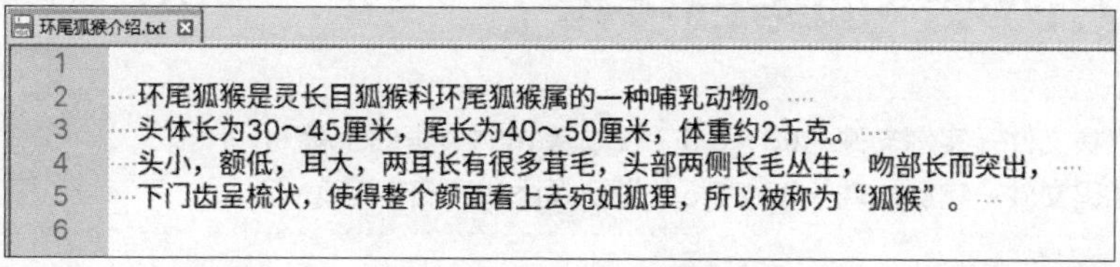

图 8-8

（3）本案例的字幕内容有多行，为方便编辑，将其存放在文本文件中。如果想直接在代码中书写多行文本，可使用三引号来定义字符串（相关知识见 1.3.2 节）。演示代码如下：

```
1  txt = '''
2      环尾狐猴是灵长目狐猴科环尾狐猴属的一种哺乳动物。
3      头体长为30～45厘米，尾长为40～50厘米，体重约2千克。
4      头小，额低，耳大，两耳长有很多茸毛，头部两侧长毛丛生，吻部长而突出，
5      下门齿呈梳状，使得整个颜面看上去宛如狐狸，所以被称为"狐猴"。
6  '''
```

◎ 运行结果

原视频文件"环尾狐猴.mp4"的播放效果如图 8-9 所示。运行本案例的代码后，播放生

成的视频文件"环尾狐猴 1.mp4"，可看到添加了白色背景的字幕效果，如图 8-10 所示。

图 8-9

图 8-10

8.5 为视频添加旁白字幕

◎ 素材文件：实例文件 \ 08 \ 8.5 \ 视频课.mp4、旁白字幕.srt
◎ 代码文件：实例文件 \ 08 \ 8.5 \ 为视频添加旁白字幕.ipynb

◎ 应用场景

牛老师，我有一段配好旁白音频的视频，需要在画面中相应添加字幕，也就是说要在指定的时间段内显示指定的文本。如果用前面介绍的方法，每个时间段的字幕都要编写相应的代码去生成，操作太烦琐了。有什么方法能够批量添加字幕呢？

对于你说的这种情况，最好的方法是先编写一个 SRT 文件，文件内容为每个时间段要显示的文本，然后使用 MoviePy 模块中的 SubtitlesClip 类读取 SRT 文件并自动创建字幕。

那就是说我需要事先制作好一个 SRT 文件。可是这种文件的制作需要卡准时间点根据音频输入文字，并不简单呀。据我所知，现在的语音识别技术已经相当成熟，有没有什么软件可以将视频中的音频自动识别和转换成 SRT 文件呢？

这样的软件是有的，使用方法也很简单，后面会详细介绍。下面先来看看如何编写代码吧。

◎ 实现代码

```
1   from moviepy.editor import VideoFileClip, TextClip, CompositeVideo-
    Clip   # 从MoviePy模块的editor子模块中导入VideoFileClip类、TextClip
    类、CompositeVideoClip类
2   from moviepy.video.tools.subtitles import SubtitlesClip  # 从Movie-
    Py模块的video.tools.subtitles子模块中导入SubtitlesClip类
3   video_clip = VideoFileClip('视频课.mp4')  # 读取视频
4   generator = lambda txt:TextClip(txt=txt, color='black', bg_color=
    'white', fontsize=40, font='FZLTHJW.ttf')  # 定义字幕生成器
5   subtitles = SubtitlesClip('旁白字幕.srt', make_textclip=generator)
    # 从SRT文件中读取字幕信息并生成字幕
6   subtitles = subtitles.set_position(('center', 750))  # 设置字幕的显
    示位置
7   final_video = CompositeVideoClip([video_clip, subtitles])  # 合成视
    频和字幕
8   final_video.write_videofile('视频课1.mp4')  # 导出视频
```

◎ 代码解析

第 2 行代码用于从 MoviePy 模块的 video.tools.subtitles 子模块中导入 SubtitlesClip 类。

第 3 行代码用于读取要添加旁白字幕的视频文件 "视频课.mp4"。

第 4 行代码用于定义一个字幕生成器。在字幕生成器中设置字体颜色为黑色，背景颜色为白色，字体大小为 40 磅，字体为 "FZLTHJW.ttf"（方正兰亭黑简体）。读者可根据实际需求修改字体格式等。

第 5 行代码用于将 SRT 文件 "旁白字幕.srt" 中的字幕信息依次传入第 4 行代码定义的字幕生成器中去生成字幕。

第 6 行代码用于设置字幕的显示位置。读者可根据实际需求修改显示位置。

第 7 行代码用于合成视频与生成的字幕。

第 8 行代码用于将合成后的视频导出为文件"视频课 1.mp4"。

◎ 知识延伸

（1）第 4 行代码中的 lambda 函数是 Python 中的一种函数类型，可以把它理解成一段可以传递的代码块。lambda 函数的语法格式如下，各参数的说明见表 8-3。

```
lambda [list] : expression
```

表 8-3

参数	说明
list	参数列表，与用 def 语句定义函数时的参数列表相同，可以有一个或多个参数，各个参数之间用逗号隔开
expression	表达式，即 lambda 函数的返回值，只能为单行，不能使用 return 语句，且表达式中出现的参数需要在 list 指定的参数列表中有定义

与用 def 语句定义的函数相比，lambda 函数的最大特点是没有函数名，所以它又称为"匿名函数"。合理运用 lambda 函数可以让代码变得更简洁。

（2）第 5 行代码中的 SubtitlesClip 类用于从 SRT 文件中导入字幕信息并创建文本剪辑，其常用语法格式如下，各参数的说明见表 8-4。

```
SubtitlesClip(subtitles, make_textclip=None)
```

表 8-4

参数	说明
subtitles	指定包含字幕信息的 SRT 文件的路径
make_textclip	指定字幕生成器

（3）如果视频的音频中不包含语音，则需要手动制作 SRT 文件。SRT 文件本质上是一个文本文件，其包含多条字幕的信息。每一条字幕的信息由 4 个基本部分组成（见图 8-11）：第 1 部分是字幕的序号，一般是按顺序增加的；第 2 部分是字幕开始显示和结束显示的时间，

精确到毫秒；第 3 部分是字幕的内容；第 4 部分是一个空行，表示本条字幕的结束。

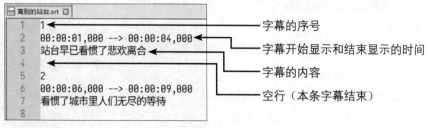

图 8-11

（4）如果视频的音频中包含语音，可以使用一些软件将语音自动识别和转换成 SRT 文件。下面以剪映专业版（版本号 4.4.0）为例讲解具体操作。启动剪映后，导入要识别语音的视频并将其拖动到时间轴上，如图 8-12 所示。单击顶部工具栏中的 "文本" 按钮，再单击左侧的 "智能字幕" 标签，然后单击 "识别字幕" 下方的 "开始识别" 按钮，如图 8-13 所示。

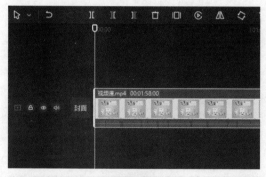

图 8-12

图 8-13

识别成功后，在时间轴上会生成字幕轨道，如图 8-14 所示。在窗口右上角面板的 "字幕" 选项卡中可以对字幕文本进行校对和修改，修改完毕后，单击 "导出" 按钮，如图 8-15 所示。

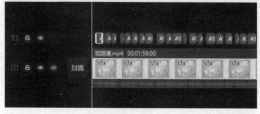

图 8-14

图 8-15

弹出"导出"对话框，设置好标题和导出位置，取消勾选"视频导出"和"音频导出"复选框，只勾选"字幕导出"复选框，在"格式"下拉列表框中选择"SRT"选项，单击"导出"按钮，如图 8-16 所示。

导出完成后，单击"打开文件夹"按钮，如图 8-17 所示，即可看到生成的 SRT 文件。因为 SubtitlesClip 类在 Windows 下默认以 ANSI 编码格式读取 SRT 文件，所以还需要将 SRT 文件转换成此编码格式。用"记事本"打开 SRT 文件，执行"文件 > 另存为"菜单命令，打开"另存为"对话框，在"编码"下拉列表框中选择"ANSI"选项，单击"保存"按钮，如图 8-18 所示。

图 8-16

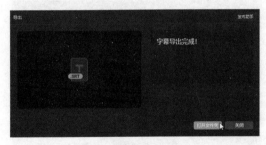

图 8-17

图 8-18

（5）如果视频的音频中包含演唱歌曲的语音，也可以用剪映专业版将其识别和转换成歌词 SRT 文件。单击顶部工具栏中的"文本"按钮，再单击左侧的"识别歌词"标签，然后单击"开始识别"按钮即可，如图 8-19 所示。需要注意的是，此功能目前只能识别国语歌词。

图 8-19

◎ 运行结果

运行本案例的代码后，播放生成的视频文件"视频课 1.mp4"，可看到在画面底部添加的旁白字幕，如图 8-20 和图 8-21 所示。

图 8-20   图 8-21

8.6　为视频添加滚动字幕

 ◎ 素材文件：实例文件 \ 08 \ 8.6 \ 航拍风景.mov、片尾字幕.txt
◎ 代码文件：实例文件 \ 08 \ 8.6 \ 为视频添加滚动字幕.ipynb

◎ 应用场景

 许多电影和电视剧的片尾都会用由下向上滚动的字幕来展示演职人员等信息。牛老师，如何用 Python 为视频添加这种滚动字幕效果呢？

 可以先用 credits1() 函数读取特定格式的字幕文件的内容并转换为字幕剪辑，再用 scroll() 函数由下向上滚动播放字幕剪辑，得到滚动字幕的效果。

◎ 实现代码

```
1   from moviepy.editor import VideoFileClip, CompositeVideoClip   # 从
    MoviePy模块的editor子模块中导入VideoFileClip类和CompositeVideoClip类
```

```
2   from moviepy.video.tools.credits import credits1   # 从MoviePy模块的
    video.tools.credits子模块中导入credits1()函数
3   from moviepy.video.fx.all import scroll   # 从MoviePy模块的video.fx.
    all子模块中导入scroll()函数
4   video_clip = VideoFileClip('航拍风景.mov')   # 读取视频
5   credits = credits1('片尾字幕.txt', width=640, color='white', stroke_
    color='white', font='FZLTHJW.ttf', fontsize=50, gap=80)   # 读取字幕
    文件并生成字幕剪辑
6   credits = credits.set_duration(video_clip.duration)   # 设置字幕剪辑
    在视频中的时长
7   scrolling_credits = scroll(credits, h=video_clip.size[1], w=cred-
    its.size[0], x_speed=0, y_speed=80)   # 垂直滚动播放字幕剪辑
8   scrolling_credits = scrolling_credits.set_position(('center'))   # 设
    置滚动字幕的显示位置
9   final_video = CompositeVideoClip([video_clip, scrolling_credits])
    # 合成视频和滚动字幕
10  final_video.write_videofile('航拍风景.mp4', bitrate='5000k')   # 导
    出视频
```

◎ 代码解析

第 4 行代码用于读取要添加滚动字幕的视频 "航拍风景.mov"。

第 5 行代码使用 credits1() 函数读取文本文件 "片尾字幕.txt" 的内容并生成字幕剪辑。字幕剪辑的宽度为 640 像素，字体颜色和描边颜色均为白色，字体为 "FZLTHJW.ttf"（方正兰亭黑简体），字体大小的上限为 50 磅，双栏排版信息（如职位名称和人员姓名）的栏间距为 80 像素。读者可以按照 "知识延伸" 中的讲解修改 credits1() 函数的参数值。

第 6 行代码用于设置字幕剪辑的时长，这里设置为与要添加滚动字幕的视频相同的时长。读者可根据实际需求修改字幕剪辑的时长。

前面生成的字幕剪辑是静止的，第 7 行代码使用 scroll() 函数将静止的字幕剪辑转换为垂直滚动的视频。字幕滚动区域的高度为要添加滚动字幕的视频的帧高度，宽度为静止的字幕剪

辑的宽度（即 credits1() 函数中参数 width 的值）。此外，水平滚动的速度为 0 像素 / 秒，垂直滚动的速度为 80 像素 / 秒，也就是只在垂直方向滚动，水平方向不滚动。读者可以按照"知识延伸"中的讲解修改 scroll() 函数的参数值。

第 8 行代码用于设置滚动字幕在视频画面中的显示位置，这里设置为居中显示。

第 9 行代码用于合成视频和滚动字幕。

第 10 行代码用于将合成好的视频导出为文件"航拍风景.mp4"。

◎ 知识延伸

（1）第 5 行代码中的 credits1() 函数用于将特定格式的文本文件的内容转换为字幕剪辑。该函数的常用语法格式如下，各参数的说明见表 8-5。

```
credits1(creditfile, width, color='white', stroke_color='black',
stroke_width=2, font='Impact-Normal', fontsize=60, gap=0)
```

表 8-5

参数	说明
creditfile	指定包含字幕内容的文本文件的路径，该文本文件的内容需按照图 8-22 所示的格式书写。在 Windows 下，该文本文件的编码格式需为 ANSI（可利用"记事本"进行转换）
width	指定字幕剪辑的宽度（单位：像素）
color	指定字幕文本的字体颜色
stroke_color	指定字幕文本的描边颜色
stroke_width	指定字幕文本的描边宽度（单位：像素）
font	指定字幕文本的字体，参数值常设置为字体文件的路径。需要注意的是，字体文件必须与代码文件位于同一文件夹下，且文件名只能使用英文字符
fontsize	指定字幕文本字体大小的最大值。如果按照此参数的值生成的字幕中某一行文本的宽度会超出字幕剪辑的宽度（参数 width 的值），则整个字幕的文本字体会被缩小，以适应字幕剪辑的宽度，此时字幕文本可能会变模糊
gap	指定双栏排版信息（如职位名称和人员姓名）的栏间距（单位：像素）

credits1() 函数读取的文本文件的内容需按图 8-22 所示的格式书写。其中，".blank ×"用于插入空行，数字代表空行的数量；以 ".." 开头的行将排在左栏，其下方的行则排在右栏。

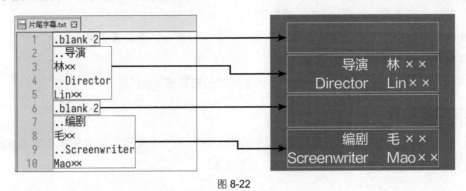

图 8-22

（2）第 7 行代码中的 scroll() 函数用于水平或垂直滚动播放视频的内容。该函数的常用语法格式如下，各参数的说明见表 8-6。

```
scroll(clip, h=None, w=None, x_speed=0, y_speed=0)
```

表 8-6

参数	说明
clip	指定要转换为滚动播放效果的视频剪辑
h	指定滚动内容显示区域的高度（单位：像素）。如果设置的高度能一次性显示所有字幕内容，则字幕不会呈现滚动效果
w	指定滚动内容显示区域的宽度（单位：像素）。参数值需与 credits1() 函数中参数 width 的值一致，否则字幕内容会显示不完整
x_speed	指定字幕内容滚动的水平速度（单位：像素／秒）。参数值越大，滚动的速度越快
y_speed	指定字幕内容滚动的垂直速度（单位：像素／秒）。参数值越大，滚动的速度越快

◎ 运行结果

运行本案例的代码后，播放生成的视频文件"航拍风景.mp4"，可看到从下往上滚动的字幕效果，如图 8-23 和图 8-24 所示。

图 8-23

图 8-24

8.7 批量为视频添加文字水印

◎ 素材文件：实例文件＼08＼8.7＼添加文字水印前（文件夹）
◎ 代码文件：实例文件＼08＼8.7＼批量为视频添加文字水印.ipynb

◎ 应用场景

为视频添加文字水印不但可以保护作品的版权，还能起到一定的宣传效果。牛老师，如果我想同时为自己的多个视频添加文字水印，水印内容为我的短视频平台账号名称，应该如何编写 Python 代码呢？

制作文字水印的基本原理是先用 TextClip 类将指定的文本创建成文本剪辑，再用 CompositeVideoClip 类合成视频和文本剪辑。批量添加文字水印则可以用 for 语句构造循环来实现。

◎ 实现代码

```
1  from pathlib import Path  # 导入pathlib模块中的Path类
2  from moviepy.editor import VideoFileClip, TextClip, CompositeVideo-
   Clip  # 从MoviePy模块的editor子模块中导入VideoFileClip类、TextClip
```

```
       类、CompositeVideoClip类
 3     src_folder = Path('添加文字水印前')  # 指定来源文件夹的路径
 4     des_folder = Path('添加文字水印后')  # 指定目标文件夹的路径
 5     if not des_folder.exists():  # 如果目标文件夹不存在
 6         des_folder.mkdir(parents=True)  # 创建目标文件夹
 7     text = TextClip(txt='小袁爱旅行', color='white', fontsize=72, font=
       'FZQuSJW.ttf', kerning=-10)  # 创建文字水印
 8     text = text.set_position((1350, 880))  # 设置文字水印的显示位置
 9     text = text.set_opacity(0.7)  # 设置文字水印的不透明度
10     for i in src_folder.glob('*.mp4'):  # 遍历来源文件夹中的MP4视频文件
11         video_clip = VideoFileClip(str(i))  # 读取视频
12         text = text.set_duration(video_clip.duration)  # 设置文字水印的
           时长
13         new_video = CompositeVideoClip([video_clip, text])  # 合成视频
           和文字水印
14         new_video.write_videofile(str(des_folder / i.name))  # 导出视频
```

◎ 代码解析

第 7 行代码用于创建一个文本剪辑作为文字水印。读者可按照 8.1 节"知识延伸"的讲解修改文字内容和字体格式。

第 8 行代码用于设置文字水印的显示位置。读者可根据实际需求修改坐标值。

第 9 行代码用于设置文字水印的不透明度，0.7 表示不透明度为 70%。读者可根据实际需求修改不透明度的数值。

第 10 ～ 14 行代码构造了一个循环，依次读取来源文件夹下的 MP4 视频文件，然后按照视频的时长设置文字水印的时长，再将视频和文字水印合成在一起，导出到目标文件夹下。

◎ 知识延伸

第 9 行代码中的 set_opacity() 函数用于设置视频剪辑的不透明度。该函数只有一个参数 op，参数值通常为 0～1 之间的浮点型数字。参数值越小，视频剪辑看起来越透明，值为 0

表示完全透明，值为 1 则表示完全不透明。

◎ 运行结果

运行本案例的代码后，可在文件夹"添加文字水印后"下看到添加了文字水印的多个视频文件。播放其中任意一个文件，可以看到画面右下角显示的账号名称，如图 8-25 所示。

图 8-25

8.8　批量为视频添加图片水印

◎ 素材文件：实例文件 \ 08 \ 8.8 \ 添加徽标前（文件夹）
◎ 代码文件：实例文件 \ 08 \ 8.8 \ 批量为视频添加图片水印.ipynb

◎ 应用场景

 前面学习了如何添加文字水印。如果水印的内容是一张图片，比如我的工作室的徽标，又该如何添加呢？

 方法很简单，可以用 ImageClip 类将图片创建成视频剪辑，其他操作都与添加文字水印的操作类似。

◎ 实现代码

```
1   from pathlib import Path  # 导入pathlib模块中的Path类
2   from moviepy.editor import VideoFileClip, ImageClip, CompositeVideo-
    Clip  # 从MoviePy模块的editor子模块中导入VideoFileClip类、ImageClip
```

```
         类、CompositeVideoClip类
3        src_folder = Path('添加徽标前')  # 指定来源文件夹的路径
4        des_folder = Path('添加徽标后')  # 指定目标文件夹的路径
5        if not des_folder.exists():  # 如果目标文件夹不存在
6            des_folder.mkdir(parents=True)  # 创建目标文件夹
7        pic = ImageClip('logo.png')  # 创建图片水印
8        pic = pic.resize(0.8)  # 设置图片水印的尺寸
9        pic = pic.set_position(('center'))  # 设置图片水印的显示位置
10       pic = pic.set_opacity(0.4)  # 设置图片水印的不透明度
11       for i in src_folder.glob('*.mp4'):  # 遍历来源文件夹中的MP4视频文件
12           video_clip = VideoFileClip(str(i))  # 读取视频
13           pic = pic.set_duration(video_clip.duration)  # 设置图片水印的时长
14           new_video = CompositeVideoClip([video_clip, pic])  # 合成视频和
             图片水印
15           new_video.write_videofile(str(des_folder / i.name))  # 导出视频
```

◎ 代码解析

第 7 行代码用于创建一个图片剪辑作为图片水印。读者可按照本节"知识延伸"的讲解修改 ImageClip 类的参数。

第 8～10 行代码用于设置图片水印的尺寸、显示位置和不透明度。

第 11～15 行代码构造了一个循环，依次读取来源文件夹下的 MP4 视频文件，然后按照视频的时长设置图片水印的时长，再将视频和图片水印合成在一起，导出到目标文件夹下。

◎ 知识延伸

第 7 行代码中的 ImageClip 类用于读取图片并创建视频剪辑，其常用语法格式如下，各参数的说明见表 8-7。

```
ImageClip(img, is_mask=False, transparent=True, fromalpha=False,
duration=None)
```

表 8-7

参数	说明
img	指定要读取的图片文件的路径
is_mask	指定是否为遮罩剪辑
transparent	若参数值为 True，表示将图片的背景层作为视频剪辑，将 alpha 层作为遮罩剪辑；若参数值为 False，表示将 alpha 层作为视频剪辑，将图片的背景层作为遮罩剪辑
fromalpha	指定是否用图片的 alpha 层构建剪辑
duration	设置图片的显示时长。默认值为 None，表示从视频的开头到结尾一直显示图片

◎ 运行结果

运行本案例的代码后，可在文件夹"添加徽标后"下看到添加了图片水印后的多个视频文件。播放其中任意一个文件，可以在画面中间看到半透明效果的工作室徽标，如图 8-26 所示。

图 8-26

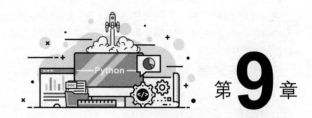

第 **9** 章

音频的剪辑

　　视频作品是视听结合的艺术，恰如其分的配乐和音效能够配合视频的视觉要素，发挥渲染气氛、抒发情感、刻画人物等作用，起到画龙点睛的效果。因此，在创作短视频的过程中，不可忽视音频的处理。本章将讲解如何通过编写 Python 代码完成音频的剪辑，包括删除或提取视频中的音频轨道、为视频添加背景音乐、调节音频的音量大小等。

9.1 删除视频中的音频轨道

◎ 素材文件：实例文件\09\9.1\熙攘街道.mp4
◎ 代码文件：实例文件\09\9.1\删除视频中的音频轨道.ipynb

◎ 应用场景

 我在拍摄素材视频时将环境中的声音一并记录了下来，后期处理时想要重新配乐，因而需要先将素材视频中的音频删除。牛老师，这项工作可以用 Python 完成吗？

大牛　用 MoviePy 模块中的 VideoFileClip 类读取视频后，再用 without_audio() 函数就能快速删除视频中的音频轨道。

◎ 实现代码

```
1  from moviepy.editor import VideoFileClip  # 从MoviePy模块的editor子
   模块中导入VideoFileClip类
2  video_clip = VideoFileClip('熙攘街道.mp4')  # 读取视频
3  video_clip = video_clip.without_audio()  # 删除视频中的音频轨道
4  video_clip.write_videofile('熙攘街道1.mp4')  # 导出视频
```

◎ 代码解析

第 2 行代码用于读取要删除音频轨道的视频文件"熙攘街道.mp4"。

第 3 行代码用于删除视频中的音频轨道。

第 4 行代码用于将处理好的视频导出为文件"熙攘街道 1.mp4"。

◎ 知识延伸

（1）第 3 行代码中的 without_audio() 函数用于删除视频中的音频轨道，该函数没有参数。

（2）让视频静音的方法还有两种：第 1 种方法是在使用 VideoFileClip 类读取视频时，将参数 audio 设置成 False，表示不读取音频；第 2 种方法是在使用 write_videofile() 函数导出视频时，将参数 audio 设置成 False，表示不导出音频。

◎ 运行结果

运行本案例的代码后，播放生成的视频文件"熙攘街道 1.mp4"，将听不到任何声音。

9.2　批量删除视频中的音频轨道

 ◎ 素材文件：实例文件 \ 09 \ 9.2 \ 原声视频（文件夹）
◎ 代码文件：实例文件 \ 09 \ 9.2 \ 批量删除视频中的音频轨道.ipynb

◎ 应用场景

 牛老师，9.1 节介绍的方法只能删除单个视频的音频轨道，如果有很多个视频都需要删除音频轨道，有没有什么便捷的方法呢？

 只需要对 9.1 节的代码稍加修改，利用 for 语句构造循环，逐个读取视频并删除音频轨道即可。

◎ 实现代码

```
1   from pathlib import Path  # 导入pathlib模块中的Path类
2   from moviepy.editor import VideoFileClip  # 从MoviePy模块的editor子
    模块中导入VideoFileClip类
3   src_folder = Path('原声视频')  # 指定来源文件夹的路径
4   des_folder = Path('静音视频')  # 指定目标文件夹的路径
5   if not des_folder.exists():  # 如果目标文件夹不存在
6       des_folder.mkdir(parents=True)  # 创建目标文件夹
7   for i in src_folder.glob('*.*'):  # 遍历来源文件夹中的文件
8       video_clip = VideoFileClip(str(i))  # 读取视频
9       video_clip = video_clip.without_audio()  # 删除视频中的音频轨道
10      video_clip.write_videofile(str(des_folder / i.name), codec=
```

```
'mpeg4', bitrate='5000k')  # 导出视频
```

◎ 代码解析

本案例代码的编写思路并没有特别之处，读者可参照之前的其他案例进行理解。在实际应用中只需要注意第 10 行代码中对编解码器和比特率的设置。

◎ 运行结果

运行本案例的代码后，可在文件夹"静音视频"中看到批量删除音频轨道后的多个视频文件。播放任意一个视频文件，都听不到任何声音。

9.3 提取视频中的音频轨道

◎ 素材文件：实例文件＼09＼9.3＼海边风光.mp4
◎ 代码文件：实例文件＼09＼9.3＼提取视频中的音频轨道.ipynb

◎ 应用场景

 牛老师，我在一个视频作品中使用了一段背景音乐，现在想在其他作品中也使用相同的背景音乐，但是又找不到原来的音频素材了。有没有办法把那段背景音乐从视频中提取出来并存储为一个音频文件呢？

 可以先用 VideoFileClip 类读取视频文件，再用 audio 属性从视频中提取音频轨道，最后用 write_audiofile() 函数导出音频文件。

◎ 实现代码

```
1  from moviepy.editor import VideoFileClip  # 从MoviePy模块的editor子
   模块中导入VideoFileClip类
2  video_clip = VideoFileClip('海边风光.mp4')  # 读取视频
3  audio_clip = video_clip.audio  # 提取视频中的音频轨道
```

```
4    audio_clip.write_audiofile('海边风光音频.mp3')  # 导出音频文件
```

◎ 代码解析

第 2 行代码用于读取要提取音频轨道的视频文件"海边风光.mp4"。

第 3 行代码用于提取视频中的音频轨道。

第 4 行代码用于将音频轨道导出为音频文件"海边风光音频.mp3"。

◎ 知识延伸

（1）第 3 行代码中的 audio 是 VideoFileClip 类的一个属性，用于提取视频中的音频轨道。

（2）第 4 行代码中的 write_audiofile() 函数在 5.3 节中已经详细介绍过，这里不再赘述。

◎ 运行结果

运行本案例的代码后，播放生成的音频文件"海边风光音频.mp3"，可听到相应的背景音乐。

9.4　批量提取视频中的音频轨道

◎ 素材文件：实例文件＼09＼9.4＼带背景音乐的视频（文件夹）
◎ 代码文件：实例文件＼09＼9.4＼批量提取视频中的音频轨道.ipynb

◎ 应用场景

 牛老师，9.3 节介绍的方法只能提取单个视频的音频轨道，如果要分别提取多个视频的音频轨道，该怎么办呢？

 只需要对 9.3 节的代码稍加修改，利用 for 语句构造循环，逐个读取视频并提取音频轨道即可。

◎ 实现代码

```
1    from pathlib import Path  # 导入pathlib模块中的Path类
```

```
2    from moviepy.editor import VideoFileClip  # 从MoviePy模块的editor子
     模块中导入VideoFileClip类
3    src_folder = Path('带背景音乐的视频')  # 指定来源文件夹的路径
4    des_folder = Path('提取音频素材')  # 指定目标文件夹的路径
5    if not des_folder.exists():  # 如果目标文件夹不存在
6        des_folder.mkdir(parents=True)  # 创建目标文件夹
7    for i in src_folder.glob('*.*'):  # 遍历来源文件夹中的文件
8        video_clip = VideoFileClip(str(i))  # 读取视频
9        audio_clip = video_clip.audio  # 提取视频中的音频轨道
10       audio_clip.write_audiofile(str(des_folder / (i.stem + '.mp3')))
         # 导出音频文件
```

◎ 代码解析

本案例代码的编写思路并没有特别之处，读者可参照之前的其他案例进行理解。

◎ 运行结果

运行本案例的代码后，可在文件夹"提取音频素材"下看到提取出来的多个音频文件。

9.5　为视频添加背景音乐

◎ 素材文件：实例文件 \ 09 \ 9.5 \ 采茶.mp4、采茶背景音乐.mp3
◎ 代码文件：实例文件 \ 09 \ 9.5 \ 为视频添加背景音乐.ipynb

◎ 应用场景

　我拍了一段采茶的素材视频，现在想要去除这段视频的原声，并添加一首
优美的背景音乐，应该如何实现呢？

　可以先用 without_audio() 函数去除原视频的声音，然后读取背景音乐素材
并调整其时长，再用 set_audio() 函数将调整后的音乐添加到视频中。

◎ 实现代码

```
1   from moviepy.editor import VideoFileClip, AudioFileClip  # 从Movie-
    Py模块的editor子模块中导入VideoFileClip类和AudioFileClip类
2   video_clip = VideoFileClip('采茶.mp4')  # 读取视频
3   video_clip = video_clip.without_audio()  # 删除视频中原有的音频轨道
4   audio_clip = AudioFileClip('采茶背景音乐.mp3')  # 读取背景音乐
5   audio_clip = audio_clip.set_duration(video_clip.duration)  # 设置背
    景音乐的时长
6   final_video = video_clip.set_audio(audio_clip)  # 为视频添加背景音乐
7   final_video.write_videofile('采茶1.mp4')  # 导出视频
```

◎ 代码解析

第 2 行代码用于读取要添加背景音乐的视频文件 "采茶.mp4"。

第 3 行代码用于删除视频中的音频轨道，即拍摄时录制的视频原声。

第 4 行代码用于读取要添加到视频中的音频文件 "采茶背景音乐.mp3"。

第 5 行代码用于将背景音乐的时长设置成与视频的时长一致。

第 6 行代码用于为视频添加处理好的背景音乐。

第 7 行代码用于将添加了背景音乐的视频导出为文件 "采茶 1.mp4"。

◎ 知识延伸

（1）第 2、3 行代码可以替换成如下所示的一行代码：

```
1   video_clip = VideoFileClip('采茶.mp4', audio=False)
```

（2）第 6 行代码中的 set_audio() 函数用于将一个音频文件设置为视频的音频轨道。该函数只有一个参数 clip，用于指定要添加的音频文件。

◎ 运行结果

运行本案例的代码后，播放生成的视频文件 "采茶 1.mp4"，可听到指定的背景音乐。

9.6 设置循环播放的背景音乐

◎ 素材文件：实例文件＼09＼9.6＼VR眼镜.mp4、动感背景音乐.mp3
◎ 代码文件：实例文件＼09＼9.6＼设置循环播放的背景音乐.ipynb

◎ 应用场景

 牛老师，我发现准备在视频中使用的背景音乐素材的时长比视频的时长要短一些，应该怎么办呢？

 可以用 audio_loop() 函数把背景音乐重复播放一定的次数，让背景音乐变得和视频一样长，这样就能解决你的问题啦。

◎ 实现代码

```
1  from moviepy.editor import VideoFileClip, AudioFileClip  # 从Movie-
   Py模块的editor子模块中导入VideoFileClip类和AudioFileClip类
2  from moviepy.audio.fx.all import audio_loop  # 从MoviePy模块的au-
   dio.fx.all子模块中导入audio_loop()函数
3  video_clip = VideoFileClip('VR眼镜.mp4')  # 读取视频
4  audio_clip = AudioFileClip('动感背景音乐.mp3')  # 读取背景音乐
5  audio_clip = audio_loop(audio_clip, duration=video_clip.duration)
   # 通过重复播放背景音乐让音频的时长与视频的时长一致
6  final_video = video_clip.set_audio(audio_clip)  # 将处理好的背景音乐
   添加到视频中
7  final_video.write_videofile('VR眼镜1.mp4')  # 导出视频
```

◎ 代码解析

第 3 行代码用于读取要添加背景音乐的视频文件"VR 眼镜.mp4"。

第 4 行代码用于读取要添加到视频中的音频文件"动感背景音乐.mp3"。

第 5 行代码用于通过重复播放背景音乐来增加背景音乐的时长，直到背景音乐的时长与视频的时长一致。

第 6 行代码用于为视频添加处理好的背景音乐。

第 7 行代码用于将添加了背景音乐后的视频导出为文件 "VR 眼镜 1.mp4"。

◎ 知识延伸

第 5 行代码中的 audio_loop() 函数用于按照指定的次数循环播放音频。该函数的常用语法格式如下，各参数的说明见表 9-1。

```
audio_loop(audioclip, nloops=None, duration=None)
```

表 9-1

参数	说明
audioclip	指定要循环播放的音频文件
nloops	指定音频的循环播放次数
duration	指定音频循环播放后的总时长。nloops 和 duration 只需要设置一个

◎ 运行结果

运行本案例的代码后，播放生成的视频文件 "VR 眼镜 1.mp4"，可听到设置的背景音乐，该音乐会自动循环播放，直到视频画面结束。

9.7　调节视频的音量大小

◎ 素材文件：实例文件 \ 09 \ 9.7 \ 蛋糕.mp4

◎ 代码文件：实例文件 \ 09 \ 9.7 \ 调节视频的音量大小.ipynb

◎ 应用场景

视频的音量大小会影响用户的观看体验，如果视频的音量太大或太小，要怎么对它进行调节呢？

> 大牛 可以使用 MoviePy 模块中的 volumex() 函数，它不仅能调节视频文件的音量大小，还能调节音频文件的音量大小。下面以调节视频文件的音量为例讲解该函数的用法。

◎ 实现代码

```
1  from moviepy.editor import VideoFileClip  # 从MoviePy模块的editor子
   模块中导入VideoFileClip类
2  from moviepy.audio.fx.all import volumex  # 从MoviePy模块的audio.
   fx.all子模块中导入volumex()函数
3  video_clip = VideoFileClip('蛋糕.mp4')  # 读取视频
4  video_clip = volumex(video_clip, 0.5)  # 调节视频的音量
5  video_clip.write_videofile('蛋糕1.mp4')  # 导出视频
```

◎ 代码解析

第 3 行代码用于读取要调节音量的视频文件"蛋糕.mp4"。

第 4 行代码用于调节视频的音量。这里的 0.5 表示将音量调整为原来的 50%，即降低音量。如果要升高音量，可将 0.5 更改为大于 1 的数值。

第 5 行代码用于将调节音量后的视频导出为文件"蛋糕 1.mp4"。

◎ 知识延伸

volumex() 函数的常用语法格式如下，各参数的说明见表 9-2。

```
volumex(clip, factor)
```

表 9-2

参数	说明
clip	指定要调节音量的视频文件或音频文件
factor	指定音量的升降系数。参数值为浮点型数字，在 0～1 之间时表示降低音量，大于 1 时表示升高音量

◎ 运行结果

运行本案例的代码后，依次播放原视频文件"蛋糕.mp4"和代码生成的视频文件"蛋糕1.mp4"，可以对比调节音量的效果。

9.8　合成多个音频文件

◎ 素材文件：实例文件 \ 09 \ 9.8 \ 橙子.mp4、背景音乐.mp3、鸟鸣.mp3
◎ 代码文件：实例文件 \ 09 \ 9.8 \ 合成多个音频文件.ipynb

◎ 应用场景

 我想在视频中同时加入背景音乐和一些大自然中的声音，如鸟鸣声等，能不能用 Python 来实现呢？

 可以用 CompositeAudioClip 类把来自不同音频文件的背景音乐和鸟鸣声合成为一个音频，再用 set_audio() 函数添加到视频中。

◎ 实现代码

```
1  from moviepy.editor import VideoFileClip, AudioFileClip, Composi-
   teAudioClip  # 从MoviePy模块的editor子模块中导入VideoFileClip类、Au-
   dioFileClip类、CompositeAudioClip类
2  from moviepy.audio.fx.all import volumex, audio_loop  # 从MoviePy
   模块的audio.fx.all子模块中导入volumex()函数和audio_loop()函数
3  video_clip = VideoFileClip('橙子.mp4', audio=False)  # 读取视频并删
   除原声
4  audio_clip1 = AudioFileClip('背景音乐.mp3')  # 读取背景音乐
5  audio_clip1 = audio_clip1.set_duration(video_clip.duration)  # 将背
   景音乐的时长调至与视频的时长相同
6  audio_clip1 = volumex(audio_clip1, 0.6)  # 降低背景音乐的音量
```

```
7   audio_clip2 = AudioFileClip('鸟鸣.mp3')  # 读取音效
8   audio_clip2 = audio_loop(audio_clip2, duration=video_clip.duration)
    # 通过循环播放音效让音效的时长与视频的时长相同
9   merge_audio = CompositeAudioClip([audio_clip1, audio_clip2])  # 合
    并背景音乐和音效
10  final_video = video_clip.set_audio(merge_audio)  # 在视频中添加音频
11  final_video.write_videofile('橙子1.mp4')  # 导出视频
```

◎ 代码解析

第 3 行代码用于读取要添加背景音乐和音效的视频文件"橙子.mp4"并删除原声。

第 4 行代码用于读取包含背景音乐的音频文件"背景音乐.mp3"。

第 5 行代码用于设置背景音乐的时长，这里设置为与视频相同的时长。

第 6 行代码用于调整背景音乐的音量，这里将音量调整为原来的 60%，即降低音量。读者可根据实际需求修改音量的大小。

第 7 行代码用于读取包含音效的音频文件"鸟鸣.mp3"。

第 8 行代码用于循环播放音效，使其时长与视频的时长一致。

第 9 行代码使用 CompositeAudioClip 类将处理后的背景音乐和音效合成在一起。

第 10 行代码用于将合成后的音频添加到视频中。

第 11 行代码用于将添加音频后的视频导出为文件"橙子 1.mp4"。

◎ 知识延伸

第 9 行代码中的 CompositeAudioClip 类可以将多个音频合成为一个音频。这个类的语法格式比较简单，只有一个常用参数 clip，参数值为一个列表，列表中的元素为要合成的多个音频。

◎ 运行结果

运行本案例的代码后，播放生成的视频文件"橙子 1.mp4"，可以听到添加的背景音乐和鸟鸣声。

9.9 为音频设置淡入 / 淡出效果

◎ 素材文件：实例文件 \ 09 \ 9.9 \ 咖啡制作.mp4、咖啡制作背景音乐.mp3
◎ 代码文件：实例文件 \ 09 \ 9.9 \ 为音频设置淡入 / 淡出效果.ipynb

◎ 应用场景

 我从一个音频素材中截取了一个片段并添加到视频中，但在播放时感觉声音的出现和结束都比较生硬。牛老师，如何让音频的过渡更加自然呢？

 可以用 audio_fadein() 函数和 audio_fadeout() 函数分别为音频的开头和结尾设置淡入和淡出的效果，让音频实现更加自然、平稳的过渡。

◎ 实现代码

```
1   from moviepy.editor import VideoFileClip, AudioFileClip   # 从Movie-
    Py模块的editor子模块中导入VideoFileClip类和AudioFileClip类
2   from moviepy.audio.fx.all import audio_fadein, audio_fadeout   # 从
    MoviePy模块的audio.fx.all子模块中导入audio_fadein()函数和audio_fade-
    out()函数
3   video_clip = VideoFileClip('咖啡制作.mp4', audio=False)   # 读取视频
4   audio_clip = AudioFileClip('咖啡制作背景音乐.mp3')   # 读取音频
5   audio_start = 31.05   # 指定截取音频片段的开始时间
6   audio_end = audio_start + video_clip.duration   # 指定截取音频片段的
    结束时间
7   audio_clip = audio_clip.subclip(audio_start, audio_end)   # 截取音频
    片段
8   audio_clip = audio_fadein(audio_clip, 1.5)   # 为音频片段设置淡入效果
9   audio_clip = audio_fadeout(audio_clip, 1)   # 为音频片段设置淡出效果
10  final_video = video_clip.set_audio(audio_clip)   # 在视频中添加音频
11  final_video.write_videofile('咖啡制作1.mp4')   # 导出视频
```

◎ 代码解析

第 3 行代码用于读取要添加音频的视频文件"咖啡制作.mp4"。

第 4 行代码用于读取要添加到视频中的音频文件"咖啡制作背景音乐.mp3"。

第 5、6 行代码分别用于指定截取音频片段的开始时间和结束时间。读者可根据实际需求修改时间。

第 7 行代码按照第 5、6 行代码指定的时间截取音频片段，从第 31.05 秒开始，截取出一段时长与视频时长相同的片段。

第 8、9 行代码分别用于为截取的音频片段设置持续 1.5 秒的淡入效果和持续 1 秒的淡出效果。读者可根据实际需求修改淡入效果和淡出效果的持续时间。

第 10 行代码用于将处理好的音频片段添加到视频中。

第 11 行代码用于将添加音频后的视频导出为文件"咖啡制作 1.mp4"。

◎ 知识延伸

第 8 行代码中的 audio_fadein() 函数用于为音频设置淡入效果，即让音频开头部分的音量在指定时间内从无逐渐上升到正常。第 9 行代码中的 audio_fadeout() 函数用于为音频设置淡出效果，即让音频结尾部分的音量在指定时间内从正常逐渐降低到无。这两个函数的常用语法格式如下，各参数的说明见表 9-3。

```
audio_fadein(clip, duration)
audio_fadeout(clip, duration)
```

表 9-3

参数	说明
clip	指定要设置淡入 / 淡出效果的音频文件
duration	指定淡入 / 淡出效果的持续时间（单位：秒），参数值为浮点型数字

◎ 运行结果

运行本案例的代码后，播放生成的视频文件"咖啡制作 1.mp4"，可以听到背景音乐的出现和消失会比较自然。

第 **10** 章

综合实战演练

所谓"实践出真知"。为了帮助读者巩固所学，本章将综合运用前面讲解的视频后期处理技术，制作 4 个不同主题的短视频作品。

10.1 运动商品展示

◎ 素材文件：实例文件＼10＼10.1＼背景框.jpg、背景音乐.mp3、视频素材（文件夹）
◎ 代码文件：实例文件＼10＼10.1＼运动商品展示.ipynb

◎ 应用场景

 我为店铺中热销的一款运动鞋拍摄了几段视频，分别展示了鞋子的用料和做工等卖点，现在想用这些视频素材制作一个完整的商品展示视频，怎么用 Python 完成呢？

 可以分别读取每段视频，然后根据视频所展示的内容添加对应的字幕来说明卖点，最后将添加了字幕的各段视频拼接在一起。

◎ 实现代码

```
1  from moviepy.editor import VideoFileClip, ImageClip, TextClip, Com-
   positeVideoClip, concatenate_videoclips, AudioFileClip  # 从MoviePy
   模块的editor子模块中导入VideoFileClip类、ImageClip类、TextClip类、
   CompositeVideoClip类、concatenate_videoclips()函数、AudioFileClip类
2  from moviepy.video.fx.all import mirror_x, speedx  # 从MoviePy模块
   的video.fx.all子模块中导入mirror_x()函数和speedx()函数
3  from moviepy.audio.fx.all import volumex, audio_fadeout  # 从Movie-
   Py模块的audio.fx.all子模块中导入volumex()函数和audio_fadeout()函数
4  video_clip1 = VideoFileClip('视频素材/01.mp4').subclip(0, 4)  # 读
   取第1段视频并截取片段
5  pic_clip = ImageClip('背景框.jpg', duration=3).set_position((100,
   300))  # 创建一个图片剪辑，并设置剪辑的时长和显示位置
6  text_clip1 = TextClip(txt='春夏时尚\n透气运动鞋', color='#e25ea0',
   fontsize=120, font='FZShangKJW.ttf').set_position((140, 335)).set_
```

```
     duration(3)   # 创建第1个文本剪辑并设置显示位置和时长
7    video_clip1 = CompositeVideoClip([video_clip1, pic_clip, text_
     clip1])   # 将图片剪辑和第1个文本剪辑叠加到第1段视频上
8    video_clip2 = VideoFileClip('视频素材/02.mp4').subclip(17, 25)   # 读
     取第2段视频并截取片段
9    video_clip2 = mirror_x(video_clip2)   # 水平翻转第2段视频
10   text_clip2 = TextClip(txt='飞织面料\n保持畅爽', color='#e25ea0',
     fontsize=120, font='FZShangKJW.ttf').set_position((1210, 230)).
     set_start(3).set_end(7)   # 创建第2个文本剪辑并设置显示位置、开始时间和
     结束时间
11   text_clip3 = TextClip(txt='高密度飞织科技面料\n时刻保持足部清爽通透\n
     让舒适伴你前行', color='white', fontsize=45, font='FZXH1JW.ttf',
     align='West').set_position((1220, 530)).set_start(3).set_end(7)   #
     创建第3个文本剪辑并设置显示位置、开始时间和结束时间
12   video_clip2 = CompositeVideoClip([video_clip2, text_clip2, text_
     clip3])   # 将第2个和第3个文本剪辑叠加到第2段视频上
13   video_clip3 = VideoFileClip('视频素材/03.mp4').subclip(12, 23)   # 读
     取第3段视频并截取片段
14   video_clip3 = speedx(video_clip3, factor=1.5)   # 提高第3段视频的播放
     速度
15   text_clip4 = TextClip(txt='牢固稳定\n编织系带', color='#e25ea0',
     fontsize=120, font='FZShangKJW.ttf').set_position((178, 132)).
     set_start(2).set_end(6)   # 创建第4个文本剪辑并设置显示位置、开始时间
     和结束时间
16   text_clip5 = TextClip(txt='柔韧耐拉扯编织系带设计\n不易松散，加固鞋身
     \n让出行更为轻松', color='white', fontsize=45, font='FZXH1JW.ttf',
     align='West').set_position((188, 432)).set_start(2).set_end(6)   #
     创建第5个文本剪辑并设置显示位置、开始时间和结束时间
```

```
17   video_clip3 = CompositeVideoClip([video_clip3, text_clip4, text_
     clip5])  # 将第4个和第5个文本剪辑叠加到第3段视频上
18   video_clip4 = VideoFileClip('视频素材/04.mp4').subclip(3, 11)  # 读
     取第4段视频并截取片段
19   video_clip4 = mirror_x(video_clip4)  # 水平翻转第4段视频
20   text_clip6 = TextClip(txt='柔软舒适\n更易穿脱', color='#e25ea0',
     fontsize=120, font='FZShangKJW.ttf').set_position((1237, 200)).
     set_start(3).set_end(7)  # 创建第6个文本剪辑并设置显示位置、开始时间和
     结束时间
21   text_clip7 = TextClip(txt='鞋身材质柔韧有型\n灵活弯曲不变形\n让穿
     脱更加方便快捷', color='white', fontsize=45, font='FZXH1JW.ttf',
     align='West').set_position((1247, 500)).set_start(3).set_end(7)  #
     创建第7个文本剪辑并设置显示位置、开始时间和结束时间
22   video_clip4 = CompositeVideoClip([video_clip4, text_clip6, text_
     clip7])  # 将第6个和第7个文本剪辑叠加到第4段视频上
23   merge_clip = concatenate_videoclips([video_clip1, video_clip2,
     video_clip3, video_clip4])  # 拼接4段视频
24   audio_clip = AudioFileClip('背景音乐.mp3').set_duration(merge_clip.
     duration)  # 读取音频文件并设置时长
25   audio_clip = volumex(audio_clip, 1.5)  # 调节音频的音量大小
26   audio_clip = audio_fadeout(audio_clip, 1)  # 为音频设置淡出效果
27   final_video = merge_clip.set_audio(audio_clip)  # 为视频添加音频
28   final_video.write_videofile('运动鞋广告.mp4')  # 导出视频
```

◎ 代码解析

第 1～3 行代码用于导入需要用到的类和函数。

第 4 行代码用于读取第 1 段视频 "01.mp4", 并截取开头至第 4 秒的片段。

第 5 行代码用于读取作为字幕背景的图像 "背景框.jpg" 并创建为时长 3 秒的图片剪辑,

显示位置为画面左上方。

第 6 行代码用于创建第 1 个文本剪辑,文本内容为"春夏时尚 透气运动鞋",字体颜色为粉红色,字体大小为 120 磅,字体为"FZShangKJW.ttf"(方正尚酷简体)。该文本剪辑的显示位置为画面左上方,显示时长为 3 秒。

第 7 行代码用于将图片剪辑和第 1 个文本剪辑叠加到第 1 段视频上。此时第 1 段视频的播放效果为:开始播放时,画面左侧同时显示白色的背景框和第 1 个文本剪辑的字幕文本,如图 10-1 所示;播放至第 3 秒时,背景框和字幕文本消失,如图 10-2 所示。

图 10-1

图 10-2

第 8 行代码用于读取第 2 段视频"02.mp4",并截取第 17～25 秒的片段。

第 9 行代码用于对第 2 段视频进行水平翻转。

第 10 行代码用于创建第 2 个文本剪辑,文本内容为"飞织面料 保持畅爽",其余的格式设置与第 1 个文本剪辑相同。该文本剪辑的显示位置为画面右侧,显示的时间段为第 3～7 秒。

第 11 行代码用于创建第 3 个文本剪辑,文本内容为"高密度飞织科技面料 时刻保持足部清爽通透 让舒适伴你前行",字体颜色为白色,字体大小为 45 磅,字体为"FZXH1JW.ttf"(方正细黑一简体),对齐方式为靠左对齐。该文本剪辑的显示位置为第 2 个文本剪辑的下方,显示的时间段与第 2 个文本剪辑相同。在使用 TextClip 类创建文本剪辑时,用到了一个前面没有介绍过的参数 align。该参数用于设置文本的对齐方式,可选择的值有 'center'(居中对齐,默认值)、'East'(靠右对齐)、'West'(靠左对齐)、'South'(靠下对齐)、'North'(靠上对齐)。

第 12 行代码用于将第 2 个和第 3 个文本剪辑叠加到第 2 段视频上。此时第 2 段视频的播放效果为:播放至第 3 秒时,画面右侧开始显示第 2 个和第 3 个文本剪辑的字幕文本,如图 10-3 所示;播放至第 7 秒时,字幕文本消失,如图 10-4 所示。

图 10-3   图 10-4

第 13 行代码用于读取第 3 段视频"03.mp4"，并截取第 12～23 秒的片段。

第 14 行代码用于将第 3 段视频的播放速度调整为原来的 1.5 倍。

第 15 行代码用于创建第 4 个文本剪辑，文本内容为"牢固稳定 编织系带"，其余的格式设置与第 1 个文本剪辑相同。该文本剪辑的显示位置为画面左侧，显示的时间段为第 2～6 秒。

第 16 行代码用于创建第 5 个文本剪辑，文本内容为"柔韧耐拉扯编织系带设计 不易松散，加固鞋身 让出行更为轻松"，其余的格式设置与第 3 个文本剪辑相同。该文本剪辑的显示位置为第 4 个文本剪辑的下方，显示的时间段与第 4 个文本剪辑相同。

第 17 行代码用于将第 4 个和第 5 个文本剪辑叠加到第 3 段视频上。此时第 3 段视频的播放效果为：播放至第 2 秒时，画面左侧开始显示第 4 个和第 5 个文本剪辑的字幕文本，如图 10-5 所示；播放至第 6 秒时，字幕文本消失，如图 10-6 所示。

图 10-5   图 10-6

第 18 行代码用于读取第 4 段视频"04.mp4"，并截取第 3～11 秒的片段。

第 19 行代码用于对第 4 段视频进行水平翻转。

第 20 行代码用于创建第 6 个文本剪辑，文本内容为 "柔软舒适 更易穿脱"，其余的格式设置与第 1 个文本剪辑相同。该文本剪辑的显示位置为画面右侧,显示的时间段为第 3～7 秒。

第 21 行代码用于创建第 7 个文本剪辑，文本内容为 "鞋身材质柔韧有型 灵活弯曲不变形 让穿脱更加方便快捷"，其余的格式设置与第 3 个文本剪辑相同。该文本剪辑的显示位置为第 6 个文本剪辑的下方，显示的时间段与第 6 个文本剪辑相同。

第 22 行代码用于将第 6 个和第 7 个文本剪辑叠加到第 4 段视频上。此时第 4 段视频的播放效果为：播放至第 3 秒时，画面右侧开始显示第 6 个和第 7 个文本剪辑的字幕文本，如图 10-7 所示；播放至第 7 秒时，字幕文本消失，如图 10-8 所示。至此，4 段视频素材就全部处理好了。

图 10-7

图 10-8

第 23 行代码用于拼接添加了字幕后的 4 段视频。

第 24 行代码用于读取作为背景音乐的音频文件 "背景音乐.mp3"，并按照拼接后视频的时长设置音频的时长。

第 25、26 行代码用于调节音频的音量，并为音频设置持续时间为 1 秒的淡出效果。

第 27、28 行代码用于将处理好的音频添加到视频中，然后导出添加了音频的视频，完成本案例的制作。

◎ 运行结果

运行本案例的代码后，播放生成的视频文件 "运动鞋广告.mp4"，可以欣赏到完整的视频效果。

10.2　萌宠生活记录

◎ 素材文件：实例文件＼10＼10.2＼轻快的音乐.mp3、视频素材（文件夹）
◎ 代码文件：实例文件＼10＼10.2＼萌宠生活记录.ipynb

◎ 应用场景

 现在各大短视频平台上有很多热门作品都是宠物主题，我也想以自己的狗狗为主角创作一个作品，拍摄好视频素材后却发现画面偏暗。牛老师，能不能用 Python 调节画面的明暗呢？

 MoviePy 模块中的 colorx() 函数可以调节视频画面的明暗，再通过构造循环就能完成多段视频素材的批量调整。

◎ 实现代码

```
1   from pathlib import Path  # 导入pathlib模块中的Path类
2   from natsort import os_sorted  # 导入natsort模块中的os_sorted()函数
3   from moviepy.editor import VideoFileClip, concatenate_videoclips,
    TextClip, CompositeVideoClip, AudioFileClip  # 从MoviePy模块的edi-
    tor子模块中导入VideoFileClip类、concatenate_videoclips()函数、Text-
    Clip类、CompositeVideoClip类、AudioFileClip类
4   from moviepy.video.fx.all import colorx, speedx  # 从MoviePy模块的
    video.fx.all子模块中导入colorx()函数和speedx()函数
5   from moviepy.audio.fx.all import audio_fadeout  # 从MoviePy模块的
    audio.fx.all子模块中导入audio_fadeout()函数
6   file_list = os_sorted(list(Path('视频素材').glob('*.mp4')))  # 获取
    来源文件夹下所有MP4视频文件的路径列表并做排序
7   clip_list = []  # 创建一个空列表
8   for i in file_list:  # 遍历视频文件路径列表
9       video_clip = VideoFileClip(str(i)).resize(width=1920)  # 读取视
```

頻并修改画面尺寸

```
10    video_clip = colorx(video_clip, factor=1.2)  # 调整画面亮度
11    video_clip = speedx(video_clip, final_duration=7)  # 调整时长
12    clip_list.append(video_clip)  # 将处理好的视频添加到列表中
13  merge_video = concatenate_videoclips(clip_list)  # 拼接列表中的视频
14  text_clip1 = TextClip(txt='「多幸运遇到你」', color='white', font-
    size=68, font='FZYTK.ttf').set_position(('center')).set_start(2).
    set_end(6).crossfadeout(1)  # 创建第1个文本剪辑，并设置显示位置和显示
    时间段，添加淡出效果
15  text_clip2 = TextClip(txt='「你只是我生活的一部分」', color='white',
    fontsize=68, font='FZYTK.ttf').set_position(('center')).set_start
    (8).set_end(12).crossfadeout(1)  # 创建第2个文本剪辑，并设置显示位置
    和显示时间段，添加淡出效果
16  text_clip3 = TextClip(txt='「而我却是你生命的全部」', color='white',
    fontsize=68, font='FZYTK.ttf').set_position(('center')).set_start
    (16).set_end(20).crossfadeout(1)  # 创建第3个文本剪辑，并设置显示位置
    和显示时间段，添加淡出效果
17  text_clip4 = TextClip(txt='「只愿你健康平安」', color='white', font-
    size=68, font='FZYTK.ttf').set_position(('center')).set_start(22).
    set_end(26).crossfadeout(1)  # 创建第4个文本剪辑，并设置显示位置和显
    示时间段，添加淡出效果
18  new_video = CompositeVideoClip([merge_video, text_clip1, text_
    clip2, text_clip3, text_clip4])  # 将4个文本剪辑叠加到视频上
19  audio_clip = AudioFileClip('轻快的音乐.mp3').set_duration(merge_
    video.duration)  # 读取音频并设置时长
20  audio_clip = audio_fadeout(audio_clip, 2)  # 为音频设置淡出效果
21  final_video = new_video.set_audio(audio_clip)  # 为视频添加音频
22  final_video.write_videofile('萌宠短视频.mp4')  # 导出视频
```

◎ 代码解析

第 1~5 行代码用于导入需要用到的类和函数。

第 6 行代码用于获取来源文件夹下所有 MP4 视频文件的路径列表并按照操作系统文件浏览器中的排序方式进行排序。

第 7 行代码创建了一个空列表，用于存储编辑后的视频。

第 8~12 行代码使用 for 语句构造了一个循环，用于遍历第 6 行代码生成的视频文件路径列表，逐个读取视频并调整画面尺寸、画面亮度和时长，再将处理好的视频添加到第 7 行代码创建的列表中。其中，第 9 行代码在读取视频后将视频的帧宽度设置为 1920 像素，第 10 行代码用于调亮画面，第 11 行代码通过调整播放速度，将视频的时长统一为 7 秒。

第 13 行代码用于将列表中的所有视频拼接成一个新视频。新视频的总时长为 28 秒，各片段的时长为 7 秒，播放至第 7、14、21 秒时会切换镜头画面，如图 10-9 至图 10-12 所示。

图 10-9

图 10-10

图 10-11

图 10-12

　　第 14 行代码用于创建第 1 个文本剪辑，文本内容为 "「多幸运遇到你」"，字体颜色为白色，字体大小为 68 磅，字体为 "FZYTK.ttf"（方正姚体）。该文本剪辑显示在画面中间，显示的时间段为第 2 ～ 6 秒，并带有时长 1 秒的淡出效果。

　　第 15 ～ 17 行代码分别用于创建第 2 ～ 4 个文本剪辑，代码的含义与第 14 行代码类似，这里不再赘述。

　　第 18 行代码用于将 4 个文本剪辑叠加到第 13 行代码拼接好的视频上。此时视频的播放效果如图 10-13 至图 10-16 所示，在指定的时间段内会在画面中间显示相应的字幕文本。

图 10-13　　　　　　　　　　　　　　　　　图 10-14

图 10-15　　　　　　　　　　　　　　　　　图 10-16

　　第 19 行代码用于读取作为背景音乐的音频文件，并根据合成视频的时长设置音频的时长。

　　第 20 行代码用于为音频设置 2 秒的淡出效果，让音频结束得更自然。

　　第 21、22 行代码用于将处理好的音频添加到视频中，然后导出添加了音频的视频，完成本案例的制作。

◎ 知识延伸

colorx() 函数通过将视频中每一帧的每个像素的 RGB 值与一定的系数相乘来更改视频画面的明度。该函数的常用语法格式如下，各参数的说明见表 10-1。

```
colorx(clip, factor)
```

表 10-1

参数	说明
clip	指定要调整画面明度的视频文件
factor	指定 RGB 颜色的变化系数。当参数值大于 1 时，明度提高，画面变亮；当参数值大于 0 且小于 1 时，明度降低，画面变暗。参数值不宜过大，否则画面颜色会失真，也不宜过小，否则画面会完全变黑

◎ 运行结果

运行本案例的代码后，播放生成的视频文件"萌宠短视频.mp4"，可以欣赏到完整的视频效果。

10.3 健身营销推广

◎ 素材文件：实例文件 \ 10 \ 10.3 \ 字幕.srt、动感背景音乐.mp3、视频素材（文件夹）
◎ 代码文件：实例文件 \ 10 \ 10.3 \ 健身营销推广.ipynb

◎ 应用场景

牛老师，我需要为一家健身机构创作一个以"全民健身"为主题的宣传片，您有什么好的建议吗？

建议在作品中展示多种健身项目，以吸引不同需求的目标客户。字幕的设计可以采用笔画较粗的字体和较大的字号，给人留下精神饱满、强健有力的印象，再搭配上动感的音乐，就能达到比较好的宣传推广效果。

◎ 实现代码

```python
1  from pathlib import Path  # 导入pathlib模块中的Path类
2  from natsort import os_sorted  # 导入natsort模块中的os_sorted()函数
3  from moviepy.editor import VideoFileClip, TextClip, concatenate_
   videoclips, CompositeVideoClip, AudioFileClip  # 从MoviePy模块的edi-
   tor子模块中导入VideoFileClip类、TextClip类、concatenate_videoclips()
   函数、CompositeVideoClip类、AudioFileClip类
4  from moviepy.video.fx.all import speedx, fadein, fadeout  # 从Movie-
   Py模块的video.fx.all子模块中导入speedx()函数、fadein()函数、fadeout()
   函数
5  from moviepy.video.tools.subtitles import SubtitlesClip  # 从Movie-
   Py模块的video.tools.subtitles子模块中导入SubtitlesClip类
6  from moviepy.audio.fx.all import audio_fadeout  # 从MoviePy模块的au-
   dio.fx.all子模块中导入audio_fadeout()函数
7  file_list = os_sorted(list(Path('视频素材').glob('*.mp4')))  # 获取
   来源文件夹下所有MP4视频文件的路径列表并做排序
8  clip_list = []  # 创建一个空列表
9  for i in file_list:  # 遍历视频文件路径列表
10     video_clip = VideoFileClip(str(i))  # 读取视频
11     video_clip = speedx(video_clip, factor=3)  # 调整播放速度
12     if video_clip.duration > 2.5:  # 如果视频的时长超过2.5秒
13         video_clip = video_clip.subclip(0, 2.5)  # 截取前2.5秒的片段
14     clip_list.append(video_clip)  # 将处理好的视频添加到列表中
15 merge_video = concatenate_videoclips(clip_list)  # 拼接列表中的视频
16 merge_video = fadein(merge_video, duration=1.5)  # 设置视频的淡入效果
17 merge_video = fadeout(merge_video, duration=0.5)  # 设置视频的淡出效果
18 generator = lambda txt:TextClip(txt=txt, color='#f48f17', fontsize=
   260, font='FZZYJW.ttf')  # 定义字幕生成器
```

```
19    subtitles = SubtitlesClip('字幕.srt', make_textclip=generator).set_
      position((('center')))   # 从SRT文件中读取字幕信息以生成字幕，并指定字幕
      的显示位置
20    merge_video = CompositeVideoClip([merge_video, subtitles])   # 将字
      幕叠加到视频上
21    end_text1 = TextClip(txt='全民健身', color='white', fontsize=200,
      font='FZZYJW.ttf').set_position(('center', 390)).set_duration(3)
      # 创建第1个文本剪辑并设置显示位置和时长
22    end_text2 = TextClip(txt='QUANMIN JIANSHEN', color='white', font-
      size=80, font='FZJingHJW.ttf').set_position(('center', 620)).set_
      duration(3)   # 创建第2个文本剪辑并设置显示位置和时长
23    merge_text = CompositeVideoClip([end_text1, end_text2], size=merge_
      video.size).crossfadein(1.5)   # 合成2个文本剪辑作为片尾，并设置淡入效果
24    new_video = concatenate_videoclips([merge_video, merge_text],
      method='compose')   # 拼接视频和片尾
25    audio_clip = AudioFileClip('动感背景音乐.mp3').subclip(69.10, 69.10 +
      new_video.duration)   # 读取音频并截取片段
26    audio_clip = audio_fadeout(audio_clip, 1)   # 设置音频的淡出效果
27    final_video = new_video.set_audio(audio_clip)   # 为视频添加设置好的
      音频
28    final_video.write_videofile('健身推广.mp4', codec='mpeg4', bi-
      trate='8000k')   # 导出视频
```

◎ 代码解析

第 1～6 行代码用于导入需要用到的类和函数。

第 7 行代码用于获取来源文件夹下所有 MP4 视频文件的路径列表并按照操作系统文件浏览器中的排序方式进行排序。

第 8 行代码创建了一个空列表，用于存储编辑后的视频。

第 9～14 行代码使用 for 语句构造了一个循环，用于遍历第 7 行代码生成的视频文件路径列表，逐个读取视频并调整播放速度和时长，再将处理好的视频添加到第 8 行代码创建的列表中。其中，第 11 行代码用于将视频的播放速度调整为原来的 3 倍，第 12、13 行代码以截取片段的方式将时长超过 2.5 秒的视频的时长统一为 2.5 秒。

第 15 行代码用于将列表中的所有视频拼接成一个新视频，各片段的镜头画面如图 10-17 至图 10-25 所示。

图 10-17　　　　　　　　图 10-18　　　　　　　　图 10-19

图 10-20　　　　　　　　图 10-21　　　　　　　　图 10-22

图 10-23　　　　　　　　图 10-24　　　　　　　　图 10-25

第 16、17 行代码分别用于在拼接视频的开头设置 1.5 秒的淡入效果，在结尾设置 0.5 秒的淡出效果。

第 18、19 行代码用于定义一个字幕生成器，设置字幕文本的颜色、大小、字体，然后从 SRT 文件中读取字幕信息，使用字幕生成器批量生成字幕，再让字幕显示在画面中间。

第 20 行代码用于将字幕叠加到拼接的视频上。此时视频的播放效果如图 10-26 至图 10-31 所示，在 SRT 文件中设定的时间段内会显示指定的字幕文本。

图 10-26   图 10-27   图 10-28

图 10-29   图 10-30   图 10-31

第 21、22 行代码用于创建两个文本剪辑，并适当设置显示位置和时长。

第 23 行代码用于把两个文本剪辑合成为一个剪辑，该剪辑的画面尺寸为第 15 行代码所得视频的画面尺寸，并为该剪辑设置 1.5 秒的淡入效果。

第 24 行代码将第 23 行代码所得剪辑拼接在第 15 行代码所得视频的后面作为片尾的字幕，此时视频的播放效果为：主体内容播放完毕后，以淡入的方式显示片尾字幕，如图 10-32 和图 10-33 所示。

图 10-32

图 10-33

第 25 行代码用于读取作为背景音乐的音频文件，并从第 69.10 秒的位置开始截取一段与视频时长相同的片段。

第 26 行代码用于为音频设置 1 秒的淡出效果。

第 27、28 行代码用于将处理好的音频添加到视频中，然后导出添加了音频的视频，完成本案例的制作。

◎ 知识延伸

第 19 行代码中的 SRT 文件"字幕.srt"需按一定的格式编写，相关知识见 8.5 节的"知识延伸"，这里不再赘述。

◎ 运行结果

运行本案例的代码后，播放生成的视频文件"健身推广.mp4"，可以欣赏到完整的视频效果。

10.4 生日聚会 vlog

◎ 素材文件：实例文件 \ 10 \ 10.4 \ 视频录制框.mp4、标题.png、背景音乐.mp3、视频素材（文件夹）

◎ 代码文件：实例文件 \ 10 \ 10.4 \ 生日聚会vlog.ipynb

◎ 应用场景

小新 vlog 以视频的形式记录和分享个人生活，通过"走心"的内容来吸引受众。牛老师，我拍摄了一场生日聚会的视频素材，想制作成一个 vlog 风格的作品，您有什么好的建议吗？

大牛 建议准备一个视频录制框的素材，然后通过创建遮罩的方式将这个素材叠加在视频主体内容的上方，这样可以模拟出实时拍摄的临场氛围，增加观众的代入感，让观众觉得自己就是视频的拍摄者，正拿着摄像机记录生活中的美好时刻。

◎ 实现代码

```
1   from pathlib import Path  # 导入pathlib模块中的Path类
2   from natsort import os_sorted  # 导入natsort模块中的os_sorted()函数
3   from moviepy.editor import VideoFileClip, CompositeVideoClip, con-
    catenate_videoclips, ImageClip, AudioFileClip  # 从MoviePy模块的ed-
    itor子模块中导入VideoFileClip类、CompositeVideoClip类、concatenate_
    videoclips()函数、ImageClip类、AudioFileClip类
4   from moviepy.video.fx.all import speedx, mask_color  # 从MoviePy模块
    的video.fx.all子模块中导入speedx()函数和mask_color()函数
5   from moviepy.audio.fx.all import audio_fadeout  # 从MoviePy模块的
    audio.fx.all子模块中导入audio_fadeout()函数
6   file_list = os_sorted(list(Path('视频素材').glob('*.mp4')))  # 获取
    来源文件夹下所有MP4视频文件的路径列表并做排序
7   for i, j in enumerate(file_list):  # 遍历视频文件路径列表
8       if i == 0:  # 如果是第1个视频
9           merge_video = VideoFileClip(str(j))  # 读取视频
10          merge_video = speedx(merge_video, factor=2)  # 调整播放速度
11      else:  # 如果不是第1个视频
12          video_clip = VideoFileClip(str(j))  # 读取视频
13          video_clip = speedx(video_clip, factor=2).crossfadein(1).
            set_start(merge_video.duration - 1)  # 调整播放速度，并设置
            转场效果和开始播放时间
14          merge_video = CompositeVideoClip([merge_video, video_
            clip])  # 合并调整后的视频
15  frame_video = VideoFileClip('视频录制框.mp4').loop(duration=merge_
    video.duration)  # 读取视频录制框素材，并通过重复播放的方式让其时长变为
    合并后视频的时长
16  masked_video = mask_color(frame_video, color=(0, 0, 0), thr=100)
```

```
       # 将视频录制框转换为遮罩
17     new_video = CompositeVideoClip([merge_video, masked_video])  # 合并
       视频和遮罩
18     title_clip = ImageClip('标题.png', duration=3).set_position
       ('center').crossfadeout(1)  # 读取作为标题字幕的图片并创建成图片剪辑，
       再设置显示位置和淡出效果
19     new_video = CompositeVideoClip([new_video, title_clip])  # 合并视频
       和标题字幕
20     audio_clip = AudioFileClip('背景音乐.mp3').subclip(0, new_video.du-
       ration)  # 读取背景音乐并截取片段
21     audio_clip = audio_fadeout(audio_clip, 1)  # 设置音频的淡出效果
22     final_video = new_video.set_audio(audio_clip)  # 将音频添加到视频中
23     final_video.write_videofile('生日聚会.mp4', codec='mpeg4', bitrate=
       '8000k')  # 导出视频
```

◎ 代码解析

第 1～5 行代码用于导入需要用到的类和函数。

第 6 行代码用于获取来源文件夹下所有 MP4 视频文件的路径列表并按照操作系统文件
浏览器中的排序方式进行排序。

第 7～14 行代码使用 for 语句构造了一个循环，用于遍历第 6 行代码生成的视频文件路
径列表，逐个读取视频并做一定的处理，再将处理好的视频依次合并在一起。第 7 行代码在
遍历文件路径列表时会将路径的索引号和路径分别赋给变量 i 和 j。第 8 行代码会根据索引号
（变量 i）判断遍历到的路径是否为第 1 个视频（索引号为 0），如果是第 1 个视频，就执行第 9、
10 行代码，读取视频并将视频的播放速度调整为原来的 2 倍；如果不是第 1 个视频，则执行
第 12 ～ 14 行代码，读取视频，将视频的播放速度调整为原来的 2 倍，为视频设置 1 秒的淡
入效果，并设置视频的开始播放时间，再将调整后的视频合并为一个新视频。

合并得到的视频在各个片段的衔接处会以淡入的方式进行画面的过渡，其播放效果如图
10-34 至图 10-42 所示。

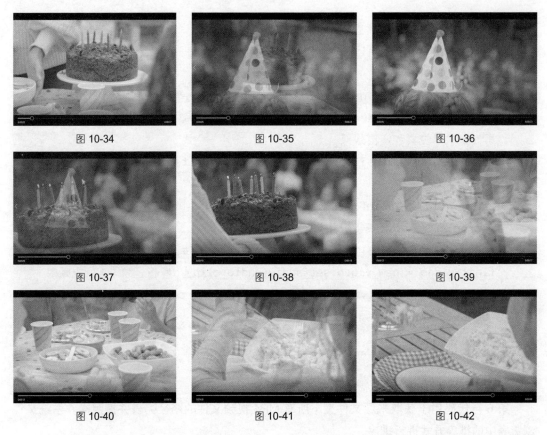

图 10-34   图 10-35   图 10-36

图 10-37   图 10-38   图 10-39

图 10-40   图 10-41   图 10-42

第 15 行代码用于读取视频录制框的素材文件"视频录制框.mp4"，并通过重复播放的方式让其时长变为合并后视频的时长。

第 16 行代码用于将调整时长后的视频录制框转换为遮罩，原先的黑色像素点会变为透明效果。

第 17 行代码用于合并视频和遮罩，根据遮罩的透明度显示位于下层的视频画面。此时这段视频的播放效果是在画面上显示一个视频录制框，如图 10-43 所示。

第 18 行代码用于读取作为标题字幕的

图 10-43

图片"标题.png"并创建成时长 3 秒的图片剪辑，然后将该剪辑的显示位置设置为画面中间，并为其添加 1 秒的淡出效果。

第 19 行代码用于将处理好的标题字幕叠加到视频上。此时这段视频的播放效果为：开始播放时，画面中间显示标题字幕，如图 10-44 所示；当播放至第 3 秒时，标题字幕以渐隐的方式消失，如图 10-45 所示。

图 10-44

图 10-45

第 20 行代码用于读取作为背景音乐的音频文件，并从开始位置截取一段与视频时长相同的片段。

第 21 行代码用于为音频设置 1 秒的淡出效果，让音频结束得更自然。

第 22、23 行代码用于将处理好的音频添加到视频中，然后导出添加了音频的视频，完成本案例的制作。

◎ 知识延伸

（1）第 15 行代码中的 loop() 函数用于按照指定的次数循环播放视频。该函数的常用语法格式如下，各参数的说明见表 10-2。

```
loop(n=None, duration=None)
```

表 10-2

参数	说明
n	指定视频的循环播放次数

续表

参数	说明
duration	指定视频循环播放后的总时长。n 和 duration 只需要设置一个

（2）第 16 行代码中的 mask_color() 函数用于对视频进行变换并返回一个新剪辑，该剪辑具有透明度蒙版，可作为遮罩使用。将遮罩与其他视频合成时，根据遮罩的透明度决定其他视频的显示效果。该函数的常用语法格式如下，各参数的说明见表 10-3。

```
mask_color(clip, color=None, thr=0)
```

表 10-3

参数	说明
clip	指定要创建为遮罩的视频文件
color	指定转换成透明度蒙版的颜色
thr	用于控制蒙版选取颜色的范围大小，值越大，选取的颜色范围就越广泛

◎ 运行结果

运行本案例的代码后，播放生成的视频文件"生日聚会.mp4"，可以欣赏到完整的视频效果。

第 **11** 章

用 AI 工具让短视频飞起来

　　由 ChatGPT 掀起的全球人工智能竞赛正在如火如荼地进行，各行各业都在研究如何利用 AI 工具提高生产力。本章将主要讲解 ChatGPT 和文心一言这两种较具代表性的 AI 工具的基本使用方法，以及如何在 Python 编程中利用 AI 工具来提高效率。

11.1　初识 ChatGPT

在当前数量众多的 AI 工具中，由 OpenAI 公司推出的 ChatGPT 是最具代表性的工具之一。本节将用浅显易懂的方式介绍 ChatGPT，回答短视频的创作人员和运营人员迫切想要知道答案的 3 个问题：ChatGPT 是什么？它都能做些什么？如何用它帮我提升工作效率？

1. 什么是 ChatGPT

我们可以从 ChatGPT 的名字入手对它进行基本的了解。这个名字由 Chat 和 GPT 两部分组成，下面分别介绍这两个部分的含义。

Chat 是"聊天"的意思，代表 ChatGPT 的主要功能。ChatGPT 并不是世界上第一个聊天机器人，但与其他聊天机器人相比，ChatGPT 在语法的正确性、语气的自然度、逻辑的通顺度、上下文的连续性等方面都取得了重大突破，总体的交流体验已经非常接近人类之间使用自然语言聊天的效果。

GPT 代表 ChatGPT 背后的核心技术——Generative Pre-trained Transformer 模型（生成式预训练 Transformer 模型）。Generative 表示该模型可以生成自然语言文本。Pre-trained 表示该模型在实际应用之前已经通过大量的文本数据进行了预训练，学习到了自然语言的一般规律和语义信息。Transformer 指的是该模型使用了 Transformer 架构进行建模。

简单来说，可以把 ChatGPT 当成一个接受过大量训练的 AI 小助手。它能理解人类的语言并与人类用户自然而流畅地对话，它还能帮用户完成各种文本相关的任务，如撰写文章、翻译文章等。

2. ChatGPT 的特长和局限性

我们必须了解 ChatGPT 的特长和局限性，才能做到"扬长避短"，让它更好地为我们服务。

ChatGPT 的特长是处理文本相关的任务，主要包括以下几类：

（1）**语言理解和推理**。ChatGPT 可以理解用自然语言提出的问题，执行简单的逻辑推理，并用自然语言进行回答。

（2）**文本生成**。ChatGPT 可以生成类似于人类写作的文章，它的写作能力包括撰写、扩写、缩写、改写、续写等。

（3）**文本分析**。ChatGPT 可以对文本进行分析，如判断文本的情感倾向、将文本按主题分类、识别和抽取文本中的实体信息（如人名、地名、机构名）等。

（4）**文本翻译**。ChatGPT 可以识别不同语言的文本，并将一种语言的文本翻译成另一种语言的文本。ChatGPT 还具备一定的编程能力，它能理解用自然语言描述的功能需求并生成相应的程序代码。从广义上来说，这也是一种翻译能力。

作为一个新生事物，ChatGPT 不是完美无缺的，它还存在以下局限性：

（1）**知识库缺乏时效性**。ChatGPT 的训练数据只有 2021 年 9 月之前的内容，并且它不能主动从网络上搜索和获取数据，所以它有可能生成陈旧过时的内容，也不能基于最新的信息来回答问题。订阅了 Plus 版的用户才能让 ChatGPT 通过网页浏览插件实时检索互联网上的最新资讯。

（2）**可能会生成虚假内容**。ChatGPT 是基于训练数据来生成内容的，但它的训练数据来源非常广泛，并不都是优质的内容，所以它生成的内容也有可能包含事实性错误。此外，如果问题触及了训练数据的知识盲区，ChatGPT 不会停止回答，而是自行推测并尽力"编造"答案，从而生成一些看起来头头是道、实际上错漏百出的内容。

（3）**只能处理文本信息**。目前，ChatGPT 只能以文本的形式与用户交流。尽管 OpenAI 公司于 2023 年 3 月 15 日公布的 GPT-4 模型具备识图的能力，但这一功能尚未向公众开放。

💬 **提示**
―――――――――――――――――――――――――――――――――――――――

目前，ChatGPT 有免费版和 Plus 版两个版本：对于日常工作来说，免费版已经可以满足大部分需求；Plus 版的好处是响应速度更快，在繁忙时段也可正常使用，并且能优先体验新功能（如 GPT-4 模型、扩展插件等），适用于企业级应用和专业人士。单击 ChatGPT 界面左侧边栏下方的"Upgrade to Plus"链接可以订阅 Plus 版，费用是 20 美元 / 月。

ChatGPT 的 iOS 版 App 于 2023 年 5 月在 App Store 上架，Android 版 App 则于 2023 年 7 月在 Google Play 上架。

―――――――――――――――――――――――――――――――――――――――

3．ChatGPT 在短视频创作和运营中的应用

具体到短视频的创作和运营，ChatGPT 可以在以下方面成为一名得力的助手：

（1）**提供灵感和思路**。ChatGPT 可以针对各种指定的话题进行"头脑风暴"，帮助创作

和运营人员启发灵感和思路。

（2）**撰写文案**。ChatGPT 具备强大的文本生成能力，可以帮助创作和运营人员撰写短视频的相关文案，如标题、分镜脚本、直播台词、营销方案等，并对文案进行校对和润色。

（3）**翻译**。ChatGPT 是基于大量的多语种语料库训练而来的，所以也具备不错的翻译能力，在准确度和流畅度方面甚至超过了一些专业的机器翻译工具。创作和运营人员可以利用它翻译文字资料和视频字幕。

（4）**编程**。创作和运营人员可以在 ChatGPT 的帮助下编写程序代码，用于提高工作的自动化程度。

以上列举的应用场景只是很小的一部分，读者可以尽情地发挥创造力和想象力，探索和拓展 ChatGPT 的应用领域。

11.2 ChatGPT 的基本用法

ChatGPT 的基本使用方式是对话式的：用户输入问题，ChatGPT 给出相应的回答。所有的对话记录都会保存在服务器上，用户可以随时浏览对话内容或继续进行对话。

步骤01 **输入问题**。在网页浏览器中打开 ChatGPT 的首页，使用提前注册好的 OpenAI 账号进行登录。登录成功后，❶ 在界面底部的文本框中输入要让 ChatGPT 回答的问题，❷ 单击右侧的 ⌦ 按钮或按〈Enter〉键提交问题，如图 11-1 所示。

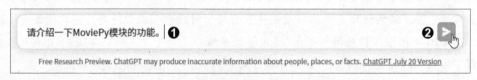

请介绍一下MoviePy模块的功能。 ❶   ❷ ▶

Free Research Preview. ChatGPT may produce inaccurate information about people, places, or facts. ChatGPT July 20 Version

图 11-1

> 💬 **提示**
>
> 在输入问题的过程中如果需要换行，可以按〈Shift+Enter〉组合键。

步骤02 **查看回答**。稍等片刻，界面中将依次显示用户输入的问题和 ChatGPT 给出的回答，如图 11-2 所示。

图 11-2

步骤03 **修改问题**。如果因为问题描述不够准确导致 ChatGPT 的回答不符合预期，可通过修改问题让 ChatGPT 重新回答。将鼠标指针放在问题上，❶单击右侧浮现的 ☑ 按钮，进入编辑状态，如图 11-3 所示，❷修改问题的内容，❸然后单击"Save & Submit"按钮保存并提交更改，如图 11-4 所示。

图 11-3

图 11-4

步骤04 **重新生成回答**。稍等片刻，ChatGPT 会根据修改后的问题重新生成回答，如图 11-5 所示。

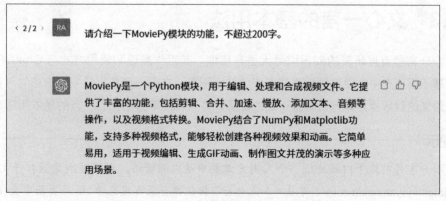

图 11-5

步骤05 **修改对话标题**。完成回答后，界面的左侧边栏中会出现此次对话的记录，记录的标题是根据对话的内容自动生成的。如果要修改对话的标题，❶单击标题右侧的 ✏ 按钮，如图 11-6 所示，❷然后输入新的标题，❸再单击 ✔ 按钮确认修改，如图 11-7 所示。

图 11-6

图 11-7

步骤 06　**删除对话**。如果要删除对话记录，❶单击标题右侧的 🗑 按钮，如图 11-8 所示，❷再单击 ✔ 按钮确认删除，如图 11-9 所示。如果要开启新的对话，则单击"New chat"按钮。

图 11-8

图 11-9

11.3　文心一言的基本用法

　　文心一言是百度研发的知识增强大语言模型，其工作原理和使用方式与 ChatGPT 非常相似。基于百度在中文搜索领域深耕多年的技术积累，文心一言在生成中文信息的可靠程度、对中文语义的理解能力等方面具备一定的优势。本节将简单介绍文心一言的基本用法。

💬 **提示**

　　文心一言目前处于内测阶段，个人用户需要申请内测资格。用网页浏览器打开文心一言首页（https://yiyan.baidu.com/），单击"加入体验"按钮并登录百度账号，随后页面中会提示"您已在等待体验中，加入成功将短信通知"。当收到审核通过的短信时即可使用文心一言。

步骤01 **登录账号。**❶在网页浏览器中打开文心一言的首页（https://yiyan.baidu.com/），❷单击页面左上角的"登录"按钮，如图 11-10 所示。在弹出的登录对话框中登录已获得内测资格的百度账号，登录成功后会返回文心一言的首页，单击页面中的"开始体验"按钮，即可进入文心一言的用户界面。

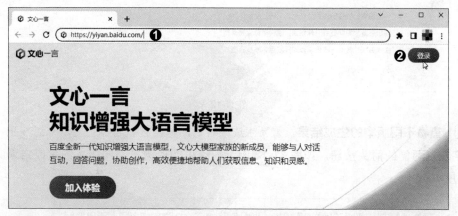

图 11-10

步骤02 **输入指令。**❶在页面底部的输入框中输入指令，❷然后单击右侧的"发送"按钮或按〈Enter〉键，如图 11-11 所示。

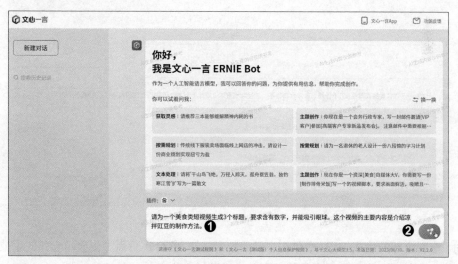

图 11-11

步骤03 **查看生成结果**。随后文心一言会开始按照指令生成文本内容。如果对生成结果不满意，可单击输出区域下方的"重新生成"按钮，如图 11-12 所示。

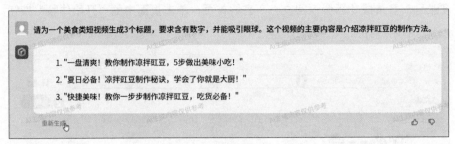

图 11-12

步骤04 **查看不同版本的生成结果**。重新生成内容后，输出区域右侧会显示一组按钮。❶单击数字左右两侧的箭头按钮，如图 11-13 所示，❷可切换浏览不同版本的生成结果，如图 11-14 所示。

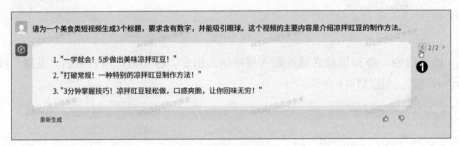

图 11-13

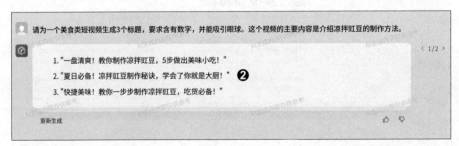

图 11-14

步骤05 **查看全部的生成结果**。❶单击中间的数字按钮，❷会在页面右侧显示全部的生成结果，如图 11-15 所示。如需关闭显示结果，则单击该区域左上角的"关闭"按钮。

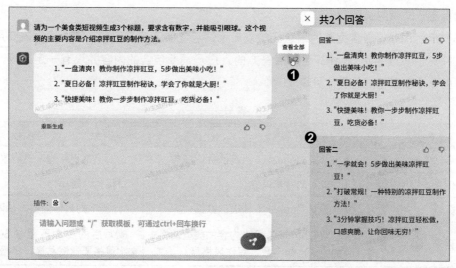

图 11-15

11.4　通过优化提示词提升回答的质量

与 ChatGPT 和文心一言对话时，用户输入的问题或指令实际上有一个专门的名称——提示词（prompt）。提示词是人工智能和自然语言处理领域中的一个重要概念，它能影响机器学习模型处理和组织信息的方式，从而影响模型的输出。清晰和准确的提示词可以帮助模型生成更准确、更可靠的输出。本节将以 ChatGPT 为例，讲解如何通过优化提示词获得高质量的回答。

1. 提示词设计的基本原则

提示词设计的基本原则没有高深的要求，其与人类之间交流时要遵循的基本原则是一致的，主要有以下 3 个方面。

（1）提示词应没有错别字、标点错误和语法错误。

（2）提示词要简洁、易懂、明确，尽量不使用模棱两可或容易产生歧义的表述。例如，"请写一篇介绍 Python 的文章，不要太长"是一个不好的提示词，因为其对文章长度的要求过于模糊，"请写一篇介绍 Python 的文章，不超过 1000 字"则是一个较好的提示词，因为其明确地指定了文章的长度。

（3）提示词最好包含完整的信息。如果提示词包含的信息不完整，就会导致需要用多轮对话去补充信息或纠正 ChatGPT 的回答方向。提示词要包含的内容并没有一定之规，一般而言可由 4 个要素组成，具体见表 11-1。

表 11-1

名称	是否必选	含义	示例
指令	是	希望 ChatGPT 执行的具体任务	请对以下视频脚本进行改写
背景信息	否	任务的背景信息	目标受众是小学生
输入数据	否	需要 ChatGPT 处理的数据	（原脚本的具体内容，从略）
输出要求	否	对 ChatGPT 输出内容的类型或格式的要求，如字数、写作风格等	改写后的脚本不超过 800 字，文字风格要通俗易懂、轻松活泼

2. 提示词设计的常用技巧

在设计提示词时，除了要遵循上述基本原则，还可以使用一些技巧来优化提示词。

（1）**用特殊符号分隔指令和输入数据**。在翻译、改写文章、总结要点、提取信息等应用场景中，提示词必然会包含指令和待处理的文本（即输入数据）。为便于 ChatGPT 进行区分，可以使用"###"或""""将待处理的文本括起来。演示对话如下：

请从以下文本中提取 3 个关键词：

文本：""""

今天要为大家介绍的这本书以图形化编程工具 Scratch 3 为学习环境，通过制作趣味小程序和人工智能主题游戏，带领孩子进入编程的世界。书中的理论和操作的讲解都配有清晰直观的截图，即使孩子识字量不大也能看懂。丰富的案例充分利用了图形化编程直观、易懂的优势，让孩子一目了然地理解程序的运行原理和编写过程，从而掌握编程的逻辑与思路。

""""

图形化编程工具、Scratch 3、编程逻辑与思路

（2）**提供示例**。有时一些需求难以用简洁的文字准确地表达出来，可以通过提供示例来

帮助 ChatGPT 更好地理解需求。演示对话如下：

> 👤 请从以下地址中提取省份并输出其全称。
>
> 例如：上海松江区广富林路→上海市
>
> 地址："""
>
> 河北石家庄市裕华区建通街
>
> 新疆乌鲁木齐市经济技术开发区
>
> """

> 🤖 河北石家庄市裕华区建通街→河北省
>
> 新疆乌鲁木齐市经济技术开发区→新疆维吾尔自治区

（3）**设定角色身份**。为了让 ChatGPT 以我们期望的方式工作，可以在提示词的开头为 ChatGPT 设定一个角色身份。演示对话如下：

> 👤 你是一个资深的小红书美妆博主，请用小红书爆款笔记的风格为一篇关于防晒霜选购的笔记生成 3 个标题，多使用一些 emoji 表情，语气要活泼可爱。

> 🤖 标题 1：🎬告别晒黑烦恼！挑选防晒霜攻略大公开！🔍🌿
>
> 标题 2：👀涂错防晒霜等于白涂？选对 SPF 才是关键！🌞◎
>
> 标题 3：💧持久防水 or 清爽不油腻？教你找到心仪防晒霜！✨💕

11.5　利用 AI 工具辅助 Python 编程

ChatGPT 和文心一言等 AI 工具具备一定的编程能力，用户只需要用自然语言描述希望实现的功能，AI 工具就能自动生成相应的代码。此外，AI 工具还可以完成解读代码、修改代码、分析出错原因等工作。本节将以 ChatGPT 为例，讲解如何让 AI 工具成为我们的 Python 编程助手。

1. 用 ChatGPT 分析出错原因

运行代码时难免遇到出错的情况，我们可以将 Python 解释器提供的报错信息或错误的现象提供给 ChatGPT，让它帮忙分析原因并给出解决办法。演示对话如下：

以下是一段 Python 代码：

```
"""
from pathlib import Path
from moviepy.editor import VideoFileClip
src_folder = Path(' 转换格式前 ')
des_folder = Path(' 转换格式后 ')
des_folder.mkdir(parents=True, exist_ok=True)
for i in src_folder.glob('*.*'):
    if i.is_dir():
        continue
    if i.suffix != '.mp4':
        video_clip = VideoFileClip(i)
        new_file = des_folder / (i.stem + '.mp4')
        video_clip.write_videofile(new_file)
"""
```

运行时出错，报错信息如下：

```
"""
AttributeError: 'WindowsPath' object has no attribute 'endswith'
"""
```

请帮我分析出错原因并给出解决办法，谢谢。

出现错误的原因是 VideoFileClip 类期望接收的参数是一个字符串形式的文件路径，但在您的代码中，i 是一个 WindowsPath 对象，而不是字符串。因此，在尝试使用 i 作为文件路径时，出现了 'WindowsPath' object has no attribute 'endswith' 错误，因为 WindowsPath 对象没有 endswith 属性。

解决办法是将 i 转换为字符串形式的文件路径，可以使用 str() 函数来实现这一点。您只需要在 VideoFileClip 类的参数中使用 str(i)，即可将 i 转换为字符串形式的文件路径。

以下是修改后的代码：

```
1    from pathlib import Path
2    from moviepy.editor import VideoFileClip
3    src_folder = Path('转换格式前')
4    des_folder = Path('转换格式后')
5    des_folder.mkdir(parents=True, exist_ok=True)
6    for i in src_folder.glob('*.*'):
7        if i.is_dir():
8            continue
9        if i.suffix != '.mp4':
10           video_clip = VideoFileClip(str(i))   # 将i转换为字符串形
                 式的文件路径
11           new_file = des_folder / (i.stem + '.mp4')
12           video_clip.write_videofile(str(new_file))   # 将new_file
                 转换为字符串形式的文件路径
```

我运行了修改后的代码，没有报错，但是运行结果与我预期的不一致。

预期的运行结果：将 src_folder 中所有非 MP4 格式视频转换成 MP4 格式并保存到 des_folder 下，对于 MP4 格式视频则不做任何处理。

实际的运行结果：src_folder 中的一部分 MP4 格式视频仍被保存到 des_folder 下。

请帮我分析原因并给出解决办法，谢谢。

原因是在您的代码中，虽然添加了判断条件 if i.suffix != '.mp4': 来跳过已经是 MP4 格式的视频文件，但是在某些文件系统中，文件的扩展名可能是大小写不敏感的。因此，您的代码会将一部分扩展名为 ".MP4" 的文件当作非 MP4 格式的文件来处理，导致它们被转换成 ".mp4" 格式并保存到 des_folder 下。

解决办法是在进行扩展名判断前，将扩展名统一转换成小写形式，这样可以避免大小写不敏感带来的问题。可以使用 str.lower() 函数来实现这一点。

以下是修改后的代码：

```
1   from pathlib import Path
2   from moviepy.editor import VideoFileClip
3   src_folder = Path('转换格式前')
4   des_folder = Path('转换格式后')
5   des_folder.mkdir(parents=True, exist_ok=True)
6   for i in src_folder.glob('*.*'):
7       if i.is_dir():
8           continue
9       if i.suffix.lower() != '.mp4':  # 将扩展名转换成小写再做判断
10          video_clip = VideoFileClip(str(i))   # 将i转换为字符串形
            式的文件路径
11          new_file = des_folder / (i.stem + '.mp4')
12          video_clip.write_videofile(str(new_file))  # 将new_file
            转换为字符串形式的文件路径
```

2. 用 ChatGPT 修改代码

对于已有的代码，如果要修改功能或增加功能，可将代码和相关需求提供给 ChatGPT，让它帮忙修改。下面接着之前的例子进行追加对话：

> 我运行了第二次修改后的代码，得到了预期的运行结果，请在此基础上修改代码：对于 MP4 格式视频，原先的逻辑是直接跳过，请修改成将其复制到 des_folder 下。

> 当遇到 MP4 格式的视频时，我们需要修改原有的逻辑，从直接跳过改为将其复制到 des_folder 下。可以使用 shutil 模块中的 copy() 函数来复制文件。
>
> 以下是修改后的代码：

```
1   from pathlib import Path
2   from moviepy.editor import VideoFileClip
3   import shutil
```

```
4     src_folder = Path('转换格式前')
5     des_folder = Path('转换格式后')
6     des_folder.mkdir(parents=True, exist_ok=True)
7     for i in src_folder.glob('*.*'):
8         if i.is_dir():
9             continue
10        if i.suffix.lower() != '.mp4':
11            video_clip = VideoFileClip(str(i))
12            new_file = des_folder / (i.stem + '.mp4')
13            video_clip.write_videofile(str(new_file))
14        else:
15            new_file = des_folder / i.name
16            shutil.copy(str(i), str(new_file))
```

3. 用 ChatGPT 解读代码

阅读代码时如果遇到不理解的地方，如代码的运行逻辑或函数的用法等，可以让 ChatGPT 进行解读。下面接着之前的例子进行追加对话：

👤 请讲解一下上述代码中 copy() 函数的用法，谢谢。

🤖 Python 的标准库中提供了 shutil 模块，其中的 copy(src, dst) 函数用于将源文件（src）复制到目标位置（dst）。参数 src 是源文件的路径，参数 dst 是目标位置的路径。这个函数会复制源文件的内容和权限。如果目标位置已存在同名文件，则会被覆盖。

👤 copy() 函数的参数 src 和 dst 必须是字符串形式的路径吗？

🤖 在较早的 Python 版本中，copy() 函数的参数 src 和 dst 确实必须是字符串形式的路径。从 Python 3.6 及以后的版本开始，copy() 函数支持以下两种形式的参数：
① 字符串形式的路径：如 '/path/to/source/file.txt' 和 '/path/to/destination/'。
② pathlib.Path 对象：如 Path('/path/to/source/file.txt') 和 Path('/path/to/destination/')。

👤 根据你的最近一次的回答，参数 dst 表示的目标路径似乎既可以是一个文件也可以是一个文件夹，是这样的吗？

🤖 在我的最近回答中有一点写得不够明确，实际上，shutil.copy() 函数的参数 dst 表示的目标路径可以代表文件或文件夹。让我们来澄清一下。

shutil.copy() 函数的参数说明如下：

① src：表示源文件路径，即要复制的文件的路径。

② dst：表示目标路径，即复制后的文件要保存到的位置。

在使用 shutil.copy() 函数时，根据参数 dst 的具体值，有以下两种情况：

①如果 dst 指定为一个文件的路径（包含文件名），则会将源文件复制到该指定的文件路径，并使用指定的文件名保存复制后的文件。路径中的文件名不需要与源文件的文件名相同，可以根据需要自由指定。如果目标路径中的文件已经存在，则会覆盖原有文件。

②如果 dst 指定为一个文件夹的路径（不包含文件名），则会将源文件复制到该指定文件夹下，并保留原有的文件名。

ChatGPT 和文心一言等 AI 工具正处于发展阶段，还不能完全取代人类的工作，但是随着技术的成熟和普及，AI 工具的应用广度和应用深度必定会不断拓展。本章介绍的仅是 AI 工具在短视频创作和运营领域的一小部分实际应用场景，读者应该持续关注 AI 技术的发展进程，结合自身需求积极地学习和探索，挖掘 AI 工具的应用潜力。